应用型本科人才培养系列教材

LabVIEW 虚拟仪器技术基础教程

主　编　邢青青　张晓萍　于希辰

副主编　刘和剑　卢亚平　王　爽

主　审　尤凤翔

西安电子科技大学出版社

内 容 简 介

本书是编者从一个在企业从事 10 多年 LabVIEW 软件开发工作的工程师的角度出发，结合近年虚拟仪器设计课程的教学经验和实际的工程应用案例编写而成的。本书注重理论和实践相结合，给出了适合教学的实训案例，让读者边学边做，从实际工程应用角度去学习"虚拟仪器设计"这门课程。

本书共 10 章，主要内容包括虚拟仪器技术概述、LabVIEW 编程环境与入门操作、LabVIEW 基本数据类型、LabVIEW 复合数据类型、LabVIEW 程序结构、变量和属性节点、图形化显示、文件 I/O、数据采集与信号处理以及应用程序发布。书中配有一些实训案例，这些案例难易程度适中，适合初学者入门学习。本书每章末都附有习题，可加强读者对知识点的掌握。

本书作为应用型课程建设的成果，适合作为应用型本科院校、高职高专院校的电气、机电类专业的教材，也可供相关专业的工程技术人员参考使用。

图书在版编目(CIP)数据

LabVIEW 虚拟仪器技术基础教程 / 邢青青，张晓萍，于希辰主编. —西安：西安电子科技大学出版社，2022.2
ISBN 978–7–5606–6341–8

Ⅰ.①L… Ⅱ.①邢… ②张… ③于… Ⅲ.①软件工具—程序设计—教材 Ⅳ.① TP311.561

中国版本图书馆 CIP 数据核字(2021)第 275530 号

策划编辑　陈　婷
责任编辑　孟　佳　陈　婷
出版发行　西安电子科技大学出版社(西安市太白南路 2 号)
电　　话　(029)88202421　88201467　　　　　　邮　编　710071
网　　址　www.xduph.com　　　　　　电子邮箱　xdupfxb001@163.com
经　　销　新华书店
印刷单位　陕西天意印务有限责任公司
版　　次　2022 年 2 月第 1 版　　2022 年 2 月第 1 次印刷
开　　本　787 毫米×1092 毫米　1/16　印张 12.5
字　　数　291 千字
印　　数　1～3000 册
定　　价　32.00 元
ISBN 978–7–5606–6341–8 / TP

XDUP 6643001–1

*****如有印装问题可调换*****

前　言

虚拟仪器是基于计算机的仪器，其实质是充分利用计算机的资源实现和扩展传统仪器的功能。虚拟仪器及 LabVIEW 软件提供了一个通用的软硬件平台，不同专业的学生通过这门基础课程的学习，后续都可以将本专业的知识和虚拟仪器技术相融合。

LabVIEW 是美国 NI 公司推出的一款高效率的图形化虚拟仪器开发平台，也是目前应用最广泛、发展最快、功能最强的图形化软件开发环境，被视为一款标准的数据采集和仪器控制软件。LabVIEW 是一种真正意义上的图形化编程语言，它采用工程技术人员熟悉的术语和图形化符号代替文本编程语言，编程简单，形象生动，易于理解和掌握。设计者可以利用它像搭积木一样轻松地组建一个测量系统或数据采集系统。LabVIEW 针对数据采集、仪器控制、信号分析与处理等任务，提供了许多函数节点，用户直接调用即可，极大提高了开发效率。它对电气和机电类非软件专业操作及应用人员非常友好，可以根据专业需要，通过图形化语言快速地搭建出检测系统。

笔者在编写本书时，充分考虑了读者的专业水平，书中理论知识通俗易懂，案例设计合理，可轻松入门。同时，本书内容全面，从 VI 设计到应用程序发布，再到可以设计完整的产品，从工程应用的角度出发培养实战型人才。

本书由苏州大学应用技术学院邢青青、张晓萍和于希辰担任主编，苏州大学应用技术学院刘和剑、卢亚平和王爽担任副主编。邢青青负责全书统稿，并编写第 8 章～第 10 章；张晓萍编写第 1 章～第 4 章；于希辰编写第 5 章～第 7 章。刘和剑、卢亚平和王爽提供了全书的实验案例，并对全书进行了修改。本书由苏州大学尤凤翔教授主审。在此衷心感谢所有对本书出版给予帮助和支持的老师和朋友们。

由于编者水平有限，书中难免有疏漏之处，恳请读者批评指正。

编者电子邮箱：13253004@qq.com。

编　者

2021 年 9 月

目　　录

第 1 章　虚拟仪器技术概述

虚拟仪器(Virtual Intrumentation，VI)技术是计算机系统与仪器系统技术相结合的产物。它利用计算机系统的强大功能，结合相应的硬件，大大突破了传统仪器在数据显示、传送、处理等方面的限制，同时用户还可以方便地对其进行维护、扩展、升级等。虚拟仪器技术可以广泛地应用在通信、自动化、半导体、航空、电子、电力、生化制药和工业生产等领域。

虚拟仪器技术与我们的日常生活也是密切相关的。例如，在做心电图时，医生会在体检者的身体上放置一些探头，然后轻轻单击鼠标，很快就可采集好体检者的心电数据信息，并把它们随时间变化的波形打印出来，这里就采用了虚拟仪器技术；再比如，人们经常用计算机多媒体软件播放音乐或视频，或者上网聊天等，其中也利用了虚拟仪器技术。

当然，虚拟仪器技术的应用远不止于此，下面让我们一起进入虚拟仪器技术的多彩世界。

1.1　虚拟仪器技术的起源与发展

虚拟仪器技术的概念起源于 20 世纪 70 年代末。由于微处理器技术的发展让工程师可以通过改变设备的软件来实现设备功能的变化，在测量系统中实现集成分析算法也已成为可能。

仪器系统的发展经历了一段很长的过程。在其早期发展阶段,仪器系统指的是"纯粹"的模拟测量设备，例如 EEG(Electroencephalogram，脑电图)记录系统或示波器。作为一种完全封闭的专用系统，仪器系统包括电源、传感器、模拟至数字转换器和显示器等，并且所有的设置需要手动进行。20 世纪 50 年代初期，数字技术的出现使仪器仪表技术取得了重大突破，各种数字化仪在测量速度等方面分别提高了几个数量级，为实现测量、测试的自动化打下了良好基础。一直到 20 世纪 80 年代，那些复杂的系统，例如化学处理控制应用等，才终于不需要占用多台独立台式仪器而一起连接到一个中央控制面板，这个控制面板由一系列物理数据显示设备，例如标度盘、转换器，以及多套开关、旋钮和按键组成，并专用于仪器的控制。

虚拟仪器系统在发展的早期面临着许多技术上的挑战。那个时候采用 IEEE 488 标准的通用接口总线(General Purpose Interface Bus，GPIB)已经成为连接仪器和计算机的一种标准方式。不过，市场上的各个仪器厂商都使用各自的命令集来控制各自的产品，同时虚拟仪器技术的编程对于那些习惯用 BASIC 等文本语言来编程的专业人员来说是一个严峻的挑战。显然，市场需要一种更高级、更强大的工具，但是这个工具到底是什么，当时却并不明朗。

转机出现在 1984 年，那一年苹果公司推出了带有图形化界面的 Macintosh 计算机。较之以往键入命令行，人们通过使用鼠标和图标大大提高了创造性和工作效率，同时，Macintosh 的图形化操作方式也激发了美国国家仪器公司(National Instrument，NI)的创始人之一 Jeff Kodosky 的灵感。

1985 年 6 月，Jeff Kodosky 领导一组工程师开始了图形化开发环境 LabVIEW(Laboratory Virtual Instrument Engineering Workbench)的开发工作，他们的研发成果就是推出了 LabVIEW 1.0 版本。在 30 多年后的今天看来，这个产品的诞生大大超越了当时业界的理念，具有深远的前瞻意义。LabVIEW 有三个图形化面板：其一是前面板，即用户界面，用来让工程师创建交互式的测量程序，这些面板可以与实际仪器的面板非常相似，也可以按照工程师们的思维创新而定义；其二是程序框图，即代码，同样也是图形化的界面，其执行顺序由数据流来决定，这一点在软件开发中是至关重要的；其三是函数面板，顾名思义，它包括了一系列即选即用的函数库供用户在其测量项目中使用，能够极大地提高工作效率。

随后，NI 公司对 LabVIEW 的编辑器、图形显示及其他细节进行了重大改进，在 1990 年 1 月发布了 LabVIEW 2.0。1996 年 4 月 LabVIEW 4.0 问世，实现了应用程序编制器(LabVIEW Application Builder)的单独执行，并向数据采集(Data Acquisition，DAQ)通道方向进行了延伸。1999 年 6 月，NI 公司发布了 LabVIEW RT 版(实时应用程序)。2000 年 6 月，LabVIEW 6.0 发布。LabVIEW 6.0 拥有新的用户界面特征(如 3D 形式显示)、扩展功能及各层内存优化，另外还具有一项重要的功能是强大的 VI 服务器。2003 年 5 月发布的 LabVIEW 7 Express 引入了波形数据类型和一些交互性更强、基于配置的函数，在很大程度上简化了测量和自动化应用任务的开发，并对 LabVIEW 使用范围进行扩充，实现了对 PDA(Personal Digital Assistant，掌上电脑)和 FPGA(Field Programmable Gate Array，现场可编程门阵列)等硬件的支持。2006 年 10 月发布了 LabVIEW 8.2 版本，增加了仿真框图和 MathScript 节点两大功能；同时，第一次推出了简体中文版，为中国科技人员的学习和使用降低了难度。

经过不断改进和更新，LabVIEW 已经从最初简单的数据采集和仪器控制的工具发展成为科技人员用来设计、发布虚拟仪器软件的图形化平台，成为测试测量和控制行业的标准软件平台。目前，LabVIEW 可支持来自数百个不同厂商的数千种设备，并为各种硬件提供一致的编程框架，从而帮助工程师大幅缩短开发时间。

从硬件方面来看，20 世纪 70 年代产生了 GPIB 技术，也就是 IEEE 488 总线技术，后来又改进为 IEEE 488.2 标准。但 GPIB 总线的通信带宽很窄，通过它无法实现数据向计算机的实时传输，所以大量的数据处理工作仍然要依靠仪器自身所具有的功能来完成。到了 20 世纪 80 年代，个人计算机可增加扩展槽，随即就出现了可插在计算机 PCI(Peripheral Component Interconnection，外设部件互连标准)槽上的数据采集卡。利用数据采集卡，可以进行数据采集，然后利用计算机及相关软件对采集获得的数据进行处理并输出显示。这就是虚拟仪器技术的雏形。

随着计算机总线通信速度的进一步加快，1996 年，NI 公司在 PCI 数据总线基础上又提出了第一代 PXI(PCI Extensions for Instrumentation)系统技术规范。PXI 系统是由模块化的仪器根据需要组合成的系统，其中模块化的仪器可以是示波器、数字万用表、函数发生器、频谱分析仪等。目前，虚拟仪器技术已经逐步延伸到嵌入式系统和便携式系统中。

1.2　虚拟仪器的概念和构成

根据概念创建者 NI 公司的定义，虚拟仪器技术是利用高性能的模块化硬件，结合高效灵活的软件来完成各种测试、测量和自动化的应用。灵活高效的软件能帮助工程师创建完全自定义的用户界面，模块化的硬件能方便地提供全方位的系统集成，标准的软硬件平台能满足对同步和定时应用的需求。只有同时拥有高效的软件、模块化 I/O 硬件和用于集成的软硬件平台这三大组成部分，才能充分发挥虚拟仪器技术性能高、扩展性强、开发时间少以及出色的集成这四大优势。

虚拟仪器体现了一种开放式的仪器设计思想，它提供的是一种方法、一个平台，而不再是一台传统意义上的仪器。传统测量仪器均是由厂家定义好的，厂家设计成什么样子就是什么样子，其具体功能不能改变。而虚拟仪器提供的是一种开发环境，用户可以定义、开发、构建一个自己所需的测量或测控仪器。也就是说，虚拟仪器可以有各种各样的形式，具体为何种形式，完全取决于使用者的实际需要以及选用的具体实现技术和方法等；但有一点是相同的，那就是它们都离不开计算机的控制，而且用户按自己的需求、以自己选用的技术和方法等实现的功能软件部分在虚拟仪器中发挥着非常重要的作用。而传统测量仪器基本上是由硬件构成的，其中即使含有软件，也是固化的，不允许再由用户去改变。

虚拟仪器的前面板(图形化的用户界面)相当于传统仪器的硬件面板；而虚拟仪器的程序框图(图形化的代码)则相当于传统仪器中被封装在机箱内的硬件电路。图 1.1 和图 1.2 分别为传统仪器与虚拟仪器。

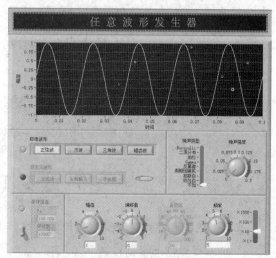

图 1.1　传统仪器　　　　　　　　　　　　　图 1.2　虚拟仪器

典型的虚拟仪器一般由三大部分组成，即高效的软件编程环境、模块化仪器和一个支持模块化 I/O 集成的开放的硬件构架。

　　利用虚拟仪器技术测量现实物理量的过程如图 1.3 所示。各式各样的待测量的物理量首先经相应的传感器获取后被转换成电信号，然后再经过适当的信号调制，即经过放大、滤波、衰减、隔离等处理(将传感器送来的电信号转换成采集设备易于读取的信号)后，被送至数据采集卡，经过模/数(A/D)转换，即将传感器输出的模拟量转变成数字量，随后再送入计算机进行相应的运算、分析和处理，最终结果将在计算机屏幕上显示出来。

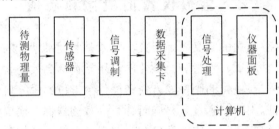

图 1.3　利用虚拟仪器技术测量现实物理量的过程示意图

　　从上述过程可以看出，从传感器之后，虚拟仪器对各个学科所涉及的物理量的测量问题的处理方法是类似的，即虚拟仪器技术统一了众多学科领域测量问题数字化技术实现的硬件模式——计算机是通用的，数据采集卡也是通用的；另外，它还提供了标准的测量用分析、计算及处理软件的开发环境，例如 LabVIEW。因此，虚拟仪器技术为众多学科领域所需测量仪器的研发和构建提供了一个统一的模式，各种不同测量仪器的差别主要是传感器以及测量用分析、计算及处理应用软件功能上的不同。

　　从虚拟仪器技术测量各种真实物理信号的过程中，可以看到利用到了数据采集卡的最基本功能，即模/数转换功能。实际的数据采集卡不仅可实现模/数转换，同时还具备数/模(A/D)转换、数字 I/O(输入/输出)和定时触发等多种功能。利用数据采集卡的数/模转换功能，可将计算机中由应用软件按需要生成的一段数据线转换成随时间连续变化的模拟信号并输出。利用虚拟仪器技术产生模拟信号的过程如图 1.4 所示。

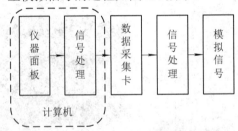

图 1.4　利用虚拟仪器技术产生模拟信号的过程

1.3　虚拟仪器的种类

虚拟仪器根据构建时所选用硬件的不同，大致可分为以下四种。

1. 数据采集型的虚拟仪器

数据采集型(DAQ)的虚拟仪器如图 1.5 所示。它的主要硬件构成是计算机加数据采集卡。早期这种类型的虚拟仪器是将数据采集卡直接插到计算机的 PCI 槽上。目前更常见的是，通过 USB 接口使计算机与数据采集卡相连。这种类型的虚拟仪器的优点是简单、硬件通用性强，因而成本较低；缺点是技术性能指标不高，且电磁兼容性差，并发性能弱。与其他三种类型的虚拟仪器相比，这种类型的虚拟仪器所用的数据采集卡的采样率较低(一般最高为 2 MHz)，但分辨率较高(一般为 14 位，最高可达 16 位)。

图 1.5　数据采集型的虚拟仪器

2. 仪器控制型的虚拟仪器

仪器控制型的虚拟仪器如图 1.6 所示。所谓仪器控制，是将实际存在的仪器设备与计算机连接起来协同工作。对于实际仪器而言，一般具有采样率高(能达到几吉赫)，但分辨率不高(一般为 12 位)的特点。实际仪器与计算机相连，有很多种通信标准接口可以使用，工业中常用的有 GPIB 接口，简单的有 RS-232C 串口等，还有带 USB 口和网络接口的仪器。如果采用 GPIB 总线进行连接，则一般要求每台仪器提供一个 GPIB 接口，同时在计算机端也要加装一块 GPIB 接口卡；如果采用串口进行连接，则可直接利用计算机上自带的串口。

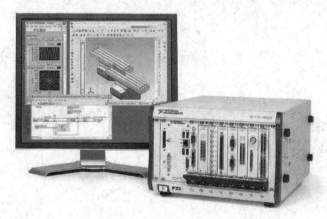

图 1.6　仪器控制型的虚拟仪器

实际仪器要与计算机连接，那么该仪器必须是可控的，且该测量仪器本身应支持与计算机之间进行通信的功能。这意味着，测量仪器与计算机之间存在适当的连接通路，计算机在硬件上支持该连接通路，并装有实现对该测量仪器控制的程序；同时，测量仪器与计算机通信一定要遵循有关的通信协议。

3. 模块化的虚拟仪器

模块化的虚拟仪器如图 1.7 所示。目前，使用较多的有 VXI、PXI 及 LXI 等仪器。PXI 仪器集合了前两种仪器(DAQ 仪器和控制型仪器)的特点，是由一台计算机与可插入多块不同测量仪器硬件板卡的仪器机箱共同构成的虚拟仪器。其中，计算机与仪器机箱之间是通过专有的仪器总线加以连接并实现通信的。PXI 仪器有自己专门的机箱和主板，每一种仪器都做成一块硬件功能板卡，插在专门的机箱内。

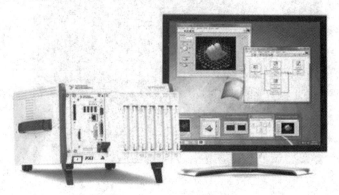

图 1.7　模块化的虚拟仪器

PXI 仪器的主要特点为：它是插卡式的，没有硬件的仪器面板，各种仪器的功能操控和输出显示都由计算机屏幕完成；结构紧凑，便于多台测量仪器的系统集成和联网；技术性能好，能更好地实现并行操作；价格相对较高。

4. 嵌入式虚拟仪器

嵌入式虚拟仪器中测量应用程序的大部分功能如采集、运算、分析、处理等，均在下位机即嵌入式仪器中实现，而计算机仅起到显示测量结果的作用。利用嵌入式虚拟仪器，可以更好地实现实时测量。图 1.8 所示为一种嵌入式虚拟仪器的外形。

图 1.8　嵌入式虚拟仪器

构建一台完整的虚拟仪器，不仅需要硬件，软件更是其关键部分。虚拟仪器应用软件的编程开发环境也有很多种。根据所采用编程语言的特点，虚拟仪器应用软件的开发环境大致可以分为两类：一类是文本式编程语言，比如 CVI/Lab Windows、MATLAB、VC 和 VB 等；另一类是图形化编程语言，其中最具代表性的就是 LabVIEW。本书仅限于介绍如何利用 LabVIEW 来构建虚拟仪器。

1.4　虚拟仪器技术的应用

　　经过多年的发展，作为计算机技术与测量仪器技术的结合，虚拟仪器技术的应用领域十分广泛，已经由航空航天、军工科研扩展到一般工业领域中，如电力、通信、能源、环境、汽车、建筑、生物医学、光学以及物联网等。下面列举 4 个虚拟仪器技术的应用示例。

1. 虚拟仪器技术在无线通信领域中的应用

　　第五代移动通信技术(5G)需要突破容量传输限制以及现有的许多挑战，一个可行的方法是采用毫米波频段，这个新频段可以提供更高的数据速率和更大的带宽。图 1.9 所示的是 NI 公司研发的软件无线电(Software Defination Radio，SDR)平台，该平台结合 LabVIEW 通信系统设计套件，可以帮助工程师迅速开发原型以及部署实时无线通信系统。图 1.10 为虚拟仪器技术在无线通信领域中的应用示例图。

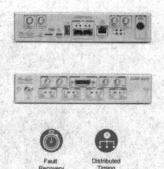

图 1.9　软件无线电(SDR)平台

图 1.10　虚拟仪器技术在无线通信领域中的应用

2. 虚拟仪器技术在半导体技术领域中的应用

随着技术发展的日新月异，半导体制造商必须在提高采集和分析的数据可靠性的同时降低测试成本。虚拟仪器技术在半导体行业中的应用，基于 PXI 模块化仪器的测试系统包含高性能源测量单元(SMU)、示波器、任意波形发生器和数字仪器，可以满足 IC 验证、特性分析和生产测试的各种测量需求。利用虚拟仪器技术，工程师可通过升级特定硬件和软件来满足未来需求，而无须花费大代价更换整个系统。

3. 虚拟仪器技术在国防和航空航天领域中的应用

在国防和航空航天领域，为了完成对航空电子设备、飞行控制、情报侦察系统等的测试和维修，往往需要花费大量的时间和经费。目前，传统机架堆叠式台式仪器和基于封闭架构的自动化测试设备(Automatic Test Equipment，ATE)系统正逐渐被淘汰。为了满足当前和未来的测试需求，工程师们逐渐转向采用基于模块化平台的智能测试系统。图 1.11 所示的是利用 PXI 仪器和 LabVIEW 软件开发的军工通用自动化测试系统的实际应用示例。

图 1.11　虚拟仪器技术在国防和航空航天领域中的应用

4. 虚拟仪器技术在汽车领域中的应用

随着车辆开始朝自主驾驶方向发展，工程师不仅面临着日益增长的系统复杂性需求，而且还需要尽可能降低成本和缩短时间。先进驾驶辅助系统(Advanced Driving Assistance System，ADAS)是一项新兴的汽车技术，它除了包含传统的倒车摄像头和停车辅助系统之外，还与其他子系统融合在一起，并结合新技术来提供紧急制动等安全功能，因此对先进驾驶辅助系统的测试变得愈加严格。图 1.12 显示的虚拟仪器在汽车领域中的应用示例。利用 PXI 仪器和 LabVIEW 软件开发的对 ADAS 的测试平台采用模块化硬件和开放性的软件，可实现更轻松的集成和更准确的测试；同一个平台适用于系统设计的各个方面，包括特性分析、验证以及生产测试。

图 1.12　虚拟仪器技术在汽车领域中的应用

习　　题

1. 什么是虚拟仪器？
2. 与传统仪器相比，虚拟仪器的特点是什么？
3. 根据选用硬件的不同，虚拟仪器分为哪几种类型？

第 2 章　LabVIEW 编程环境与入门操作

LabVIEW 是实验室虚拟仪器工程平台,是美国 NI 公司推出的虚拟仪器开发工具软件。NI 公司长期致力于使工程技术人员(用户)从烦琐的程序设计中解脱出来,并将注意力集中于所要解决的测量、测控直至设计等问题本身的研究方面。历经 30 多年的不懈努力,NI 公司使 LabVIEW 不断翻新进步,功能越来越强大,目前推出的最新版本是 LabVIEW 2020,已成为被广泛认可的虚拟仪器开发工具。

2.1　LabVIEW 编程环境

LabVIEW 是一种图形化的编程语言和开发环境,它已广泛被工业界、学术界以及高等学校的教学实验室所接受,被公认为是一种标准的数据采集和仪器控制软件。LabVIEW 不仅提供符合 GPIB、VXI、RS-232C 和 RS-485 通信标准的硬件及数据采集板卡的全部功能,还内置有支持 TCP/IP、ActiveX 等软件标准的函数库,而且其提供的图形化编程界面使虚拟仪器的编程过程变得生动有趣、简单易行。利用 LabVIEW,用户可以十分方便地构建自己所需要的虚拟仪器。

与传统的文本式编程语言不同,LabVIEW 是一种图形化的程序设计语言,也称 G 语言(Graphical Programming)。LabVIEW 用流程图代替了传统文本式的程序代码。LabVIEW 中的图标与工程技术人员完成相关工程设计过程中习惯使用的大部分图标基本一致,这使得虚拟仪器的编程过程与实施工程的思维过程也十分相似。

开始编写简单的VI之前,首先需要熟悉 LabVIEW 的编程环境。

2.1.1　LabVIEW 启动界面

双击桌面上的 LabVIEW 的图标,进入如图 2.1 所示的初始界面。单击"创建项目"按钮,进入如图 2.2 所示的"创建项目"界面。

图 2.1　LabVIEW 初始界面

图 2.2　LabVIEW"创建项目"界面

2.1.2　前面板和程序框图

利用 LabVIEW 开发的一个程序被称为一个 VI，利用 LabVIEW 所开发程序的后缀名均为". vi"。所有的 LabVIEW 程序即所有的 VI 都包含前面板(FrontPanel)、程序框图(Block Diagram，后面板)和图标/连接器(Icon and ConnectorPanel)三个部分。其中，前面板如图 2.3 所示，是一种图形化的用户界面。前面板上的控件分为两种类型，一种是输入控件(Control)，用于输入参数；另一种是显示控件(Indicator)，用来输出结果。输入控件和显示控件各自都有很多种具体的表现形式，例如各种各样的旋钮、开关、图表和指示灯等，使用者可根据实际需求进行选择。不同的显示控件或输入控件均是以形状、样式不同的图标来体现的。

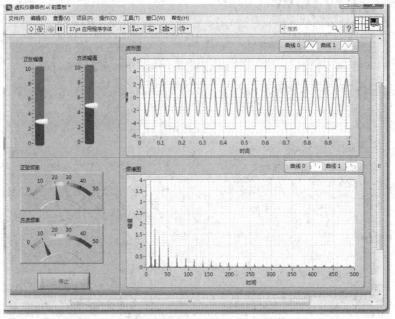

图 2.3　虚拟仪器的前面板

　　程序框图是定义 VI 功能的图形化代码，如图 2.4 所示。不同于传统的文本式编程语言，程序框图中的各个部分是通过连线连接起来的。

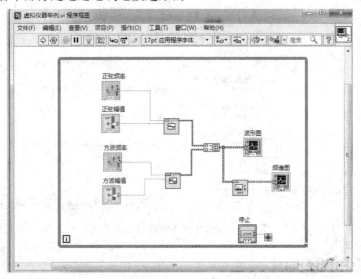

图 2.4　虚拟仪器的程序框图

　　图标/连接器位于前面板和程序框图面板的右上角，在建立子程序时会用到它们。其中，图标相当于子程序的函数名称，连接器则对应子程序的输入/输出参数。
　　前面板和程序框图面板上都有工具条，前面板上的工具条及其部分工具的功能介绍如图 2.5 所示。

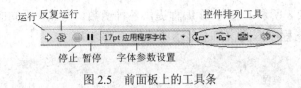

图 2.5　前面板上的工具条

2.1.3　操作选板

利用 LabVIEW 进行编程，要经常用到 3 个操作选板，分别是工具选板、控件选板和函数选板。

工具选板如图 2.6 所示，它提供各种用于创建、修改和调试 VI 的工具。例如，常用的有选择工具、用于编辑文本的工具、用于连线的工具，以及调试程序时要用到的加载断点和探针工具等。

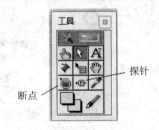

图 2.6　工具选板

控件选板如图 2.7 所示，用于向前面板添加各种输入控件和显示控件。

图 2.7　控件选板

　　函数选板如图 2.8 所示，它为 VI 编程提供各种函数。当然，不同的函数均是以不同的
图标表征的，只有在程序框图窗口中显示的才是函数选板。

图 2.8　函数选板

2.1.4　范例查找器

　　LabVIEW 在其"帮助"中提供了很多范例，是使用者很好的自学资源。打开"帮助"
→"查找范例"，可以进入范例查找器(见图 2.9)，在范例查找器对话框里可以按照需要进
行相应范例的查找。

图 2.9　范例查找器

2.2　入门 VI 的编写

具备了有关 LabVIEW 的上述基础知识后，就可以开始编写简单的 VI 了。下面以"求平均数"为例，介绍简单 VI 的编写方法和步骤。

【例 2.1】　要求：① 输入两个参数 A 和 B；② 求其平均数(简单起见，仅以求两个数的平均数为例)，并将求得的结果显示在输出控件中。

1. 新建一个 VI

创建一个空白 VI。首先在装有 LabVIEW 编程语言的计算机(台式机、工控机、笔记本电脑、平板电脑)屏幕上，双击 LabVIEW 的图标，进入初始界面。创建新的 VI 有两种方法：一种方法是选择"文件"→"新建 VI"，随后会弹出两层界面，一个是前面板，另一个是程序框图面板，这样就创建了一个空白 VI；另外一种方法是，在初始界面中单击"创建项目"，打开"创建项目"界面，选择"VI"模板，单击"完成"，随后也会弹出两层界面，如此，也可以创建一个空白 VI。

2. 前面板设计

进行前面板的设计。将鼠标放到前面板上，选择"控件"选板→"新式"→"数值"→"数值输入控件"，选中"数值输入控件"，将其拖曳到前面板上，再将鼠标放到该控件图标的标签处，选中标签，将其改写为"A"。

重复上一步，创建第二个"数值输入控件"，并将其标签改写为"B"。

选择"控件"选板→"新式"→"数值"→"数值显示控件"，选中"数值显示控件"，将其拖曳到前面板上，再将鼠标放到该控件图标的标签处，选中标签，将其改写为"Result"。

3. 程序框图编辑

将鼠标放到程序框图面板(后面板)上，选择"函数"选板→"编程"→"数值"→"加函数"，选中"加函数"图标，并将其拖曳到框图面板上。

重复上一步，选择"函数"选板→"编程"→"数值"，找到"除函数"，并将其图标拖曳到程序框图面板上。

选择"函数"选板→"编程"→"数值"，找到"数值常量"(注意选择橙色的浮点数类型的"数值常量")，将其图标拖曳到程序框图面板上。

用连线将各功能函数的图标连接起来。在程序框图面板上，将鼠标放到控件 A 的输出端处，当鼠标自动变成连线轴的形状时，单击鼠标左键，拉出一根线，一直连到"加函数"图标的一个输入端口上，然后释放鼠标左键，如此，就用一根连线实现了两个节点之间的数据传输。

重复上一步的操作方法，连接好其他所有的连线，如图 2.10 所示。

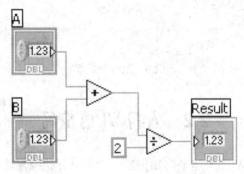

图 2.10　求平均数 VI 的程序框图

4. 程序运行与保存

连接好所有连线后，VI 就已编写好，然后就可以运行这个 VI 了。返回到前面板，单击工具条中的"运行"按钮即可。如图 2.11 所示，在前面板，可以改变控件 A 和 B 中的数值，再运行该 VI，观察并验证 Result 输出的运算结果是否正确。

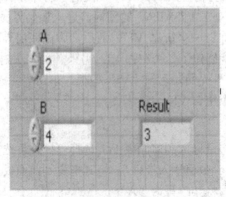

图 2.11　求平均数 VI 的前面板

保存该 VI，并将其命名为"求平均数"。在这个 VI 中，A 和 B 是输入控件，用于输入参数；Result 是显示控件，用于输出结果；除数 2 是数值常量。

2.3　建立并调用子 VI

2.3.1　创建子 VI

在 LabVIEW 中，建立子 VI 有两个步骤：修改图标和建立连接器。下面以"求平均数"为例(即将"求平均数"作为某个 VI 中的一个子 VI)，介绍如何建立子 VI。

1. 修改默认的 VI 图标

双击前面板或程序框图面板右上角的默认图标，在弹出的界面中，先利用选择工具选中默认的图标，按下 Delete 键将其删除，然后在"图标文本"中输入"平均数"，即对求平均数这个 VI 赋予专有的名称。如图 2.12 所示。最后单击"确定"按钮，退出该界面。

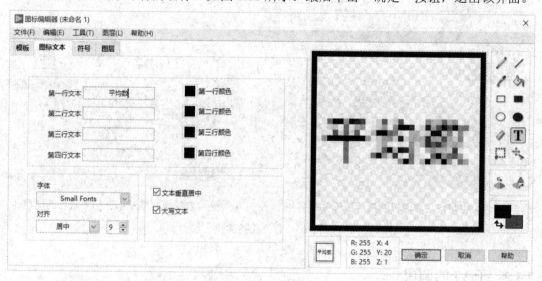

图 2.12　修改图标

2. 建立连接器

右击前面板右上角的连接器，从快捷菜单中选择合适的模式。此处，可根据 VI 的输入/输出参数的个数来选择合适的逻辑连接模式，例如，对"求平均数"这个子 VI，就应选择有 3 个端口的逻辑连接模式，如图 2.13(a)所示；然后，选中连接器的各个端子，让其与前面板上的控件依次建立连接。具体方法是：单击连接器的某个端子，此时鼠标变成连线轴状态，再单击前面板的某个控件，就完成了两者的连接，如图 2.13(b)所示。按照上述方法将前面板上的其他控件与连接器的端子关联起来，最后完成情况如图 2.13(c)所示。

完成上述步骤，一个子 VI 就建立好了。随后在新构建的 VI 中，就可以调用这个之前编写好的"求平均数"的子 VI 了。

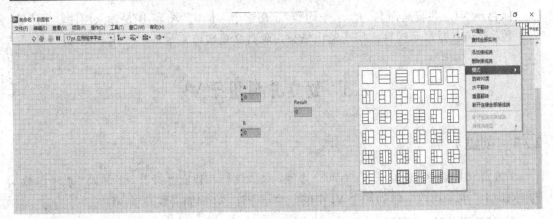

(a) 选择合适的逻辑连接模式

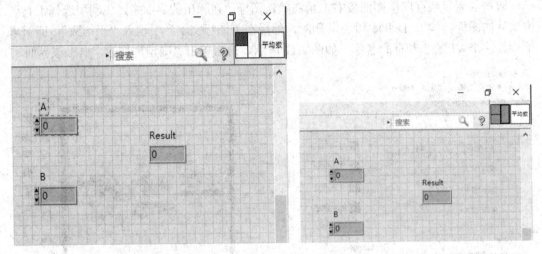

(b) 将端口与前面板的控件进行关联　　　(c) 连接器的所有端子都进行关联后的情况

图 2.13　建立连接面板

2.3.2　子 VI 的调用

如何在一个新的 VI 中调用子 VI 呢？方法很简单，在新建 VI 的程序框图面板中，打开"函数"选板→"选择 VI…"，这时，LabVIEW 会弹出对话框，找到保存在计算机中的"求平均数"VI，单击"确定"按钮后，就可实现在新建 VI 中调用"求平均数"这个子 VI 了。

将鼠标移至"求平均数"子 VI 的输入端子 A 处，当鼠标自动变成连线轴的形状时右击，在弹出的快捷菜单中选择"创建"→"输入控件"，如图 2.14 所示。如此，LabVIEW 就会自动生成一个名称为 A 的数值输入控件，并且已经将连线接好了。注意，这是一个非常实用的方法，其一个好处是快捷，另一个好处是当用户对所连接的端子到底能接受哪种类型的数据没有把握时，可通过这种方式先生成输入控件或显示控件，然后再由所生成的输入控件或显示控件来确定端子的数据类型。

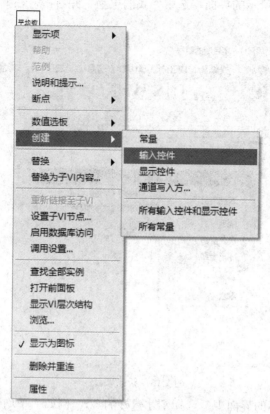

图 2.14 为子 VI 生成输入控件和显示控件

按照相同的操作生成输入控件 B 和显示控件 Result。调用子 VI 后的情况如图 2.15 所示。另外，当 VI 规模逐渐变大后，有时为了让 VI 的图形化程序代码在程序框图面板上显示得更加紧凑，可选择将某控件的图标显示为外形尺寸更小的简化形式的图标。

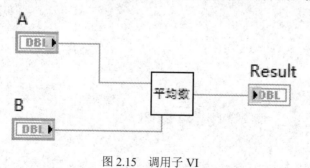

图 2.15 调用子 VI

2.4 程序运行和调试

下面介绍如何将建立好的 VI 生成应用程序。具体实现步骤如下：

(1) 双击 LabVIEW 的图标，在如图 2.1 所示的界面中单击"创建项目"，进入如图 2.2 所示界面，选择"项目"，单击"完成"按钮。

(2) 进入如图 2.16 所示的界面，选中"我的电脑"并右击，在弹出的快捷菜单中选择"添加"→"文件"。

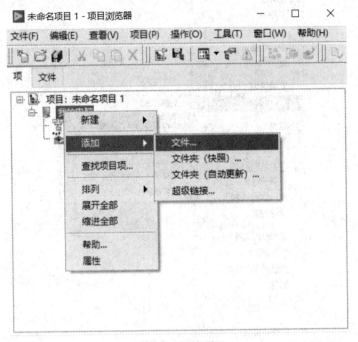

图 2.16　新建项目

(3) 在图 2.17 所示的界面中，选择刚才建好的 VI，例如"平均数"，这样就将建好的"平均数"VI 添加到新建的项目中了，如图 2.18 所示。

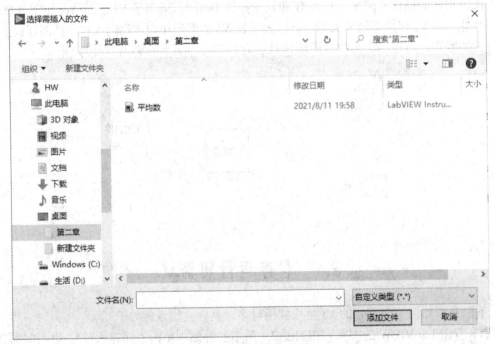

图 2.17　文件选择对话框

图 2.18　新建应用程序

(4) 在如图 2.18 所示的界面中，选中"程序生成规范"并右击，在弹出的快捷菜单中选择"新建"→"应用程序"。

(5) 在如图 2.19 所示的界面中，在目标文件名下设置生成的应用程序名称。

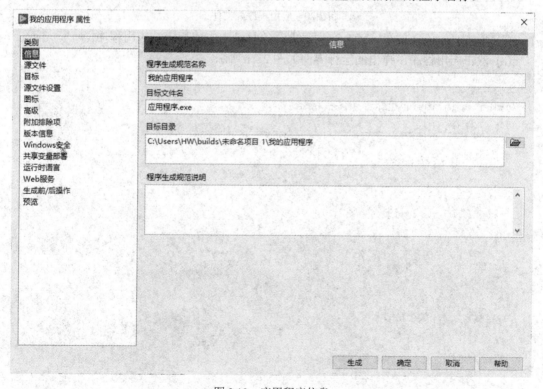

图 2.19　应用程序信息

(6) 选中如图 2.20 所示界面中左侧的"源文件",选中"平均数",将其添加进启动 VI 中。

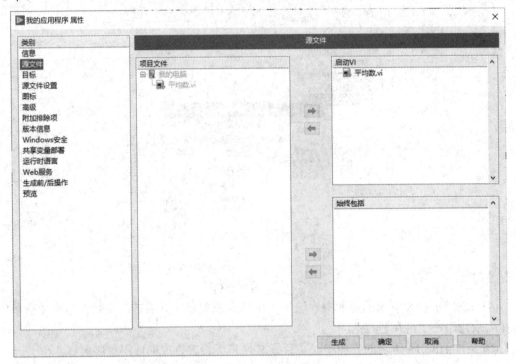

图 2.20　应用程序源文件

(7) 单击"生成"按钮,就会在项目保存的目录中生成相应的应用程序。

(8) 双击应用程序,弹出的运行界面如图 2.21 所示。

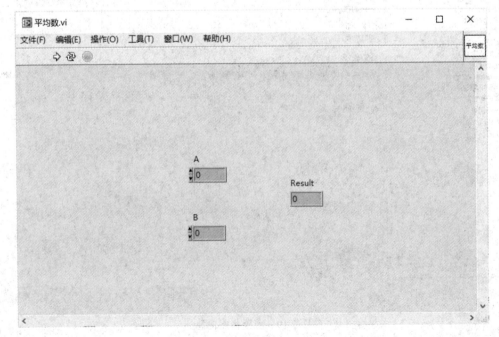

图 2.21　生成的应用程序界面

　　当所编写的程序规模越来越大时，如何找到出错的原因，有时是非常令人苦恼的。下面以上述建好的"平均数"VI 为例，简单介绍在 LabVIEW 中如何进行 VI 的调试。

　　如图 2.22 所示，将常量"2"与"除法"函数端子之间的连线删掉，随后便可以看到，程序框图面板上方工具条中的运行按钮会变成断裂的形状。当自认为已编好程序后，如果发现运行按钮处在断裂的状态，就说明程序中仍存在语法错误。这时，可以双击"运行"按钮(此时呈断裂状态)，随即会弹出错误列表界面，如图 2.23 所示。可以看出，程序中有一处错误，选中此错误，下面会提供有关该错误的详细说明，可有助于对程序进行修改。例如，现存的错误就是除法函数的一个输入端子未连上。另外，双击此处错误，LabVIEW 会自动地对此错误进行定位，这个功能在调试规模大的程序时尤其有用。

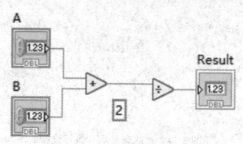

图 2.22　有错误的VI

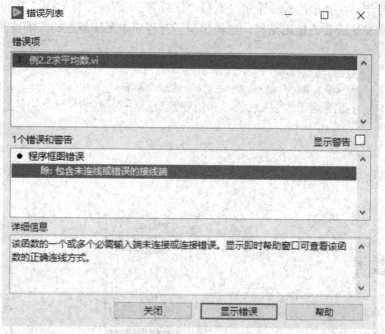

图 2.23　错误列表界面

　　上面提到的错误，属于程序语法错误。还有一类错误，是程序已经通过了编译，可以运行，但运行的结果并不是所期望的，也就是说，所编写 VI 的算法存在问题。对这类编程错误又该如何查找呢？程序调试工具可提供帮助，即可以利用在 2.3 节中介绍的程序调试工具进行错误查找。

程序调试工具之一，是位于程序框图面板工具条中的"高亮显示"按钮，其外表像个灯泡；"高亮显示"按钮的默认状态为灯灭。单击"高亮显示"按钮，灯泡会变成点亮状态，此条件下，再单击运行按钮，程序的运行会变慢，并且会显示出程序运行时实际发生的数据流过程，这样可以帮助查找存在的问题，如图 2.24 所示。

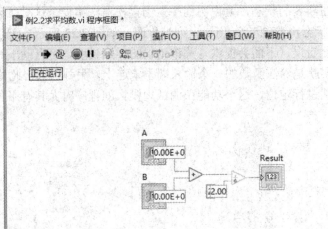

图 2.24   "高亮显示"执行过程

"高亮显示"通常可以与探针工具配合使用。如图 2.25 所示，将鼠标放置在需要观察的连线上并右击，在弹出的快捷菜单中选择"探针"，生成的探针如图 2.26 所示。如此操作，可以观察加法函数的输出结果，也就实现了对程序中某段算法结果的监测，可帮助找到出错的地方。

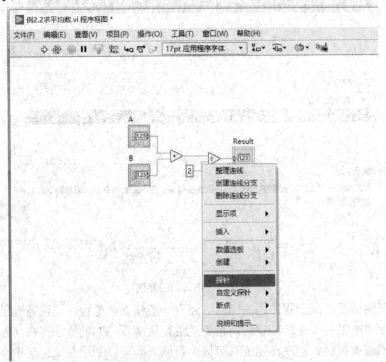

图 2.25   在程序框图中创建探针

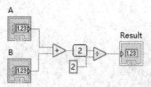

图 2.26　在程序框图中生成的探针

另外，可以将"断点"和"探针"工具配合使用(此时，可将"高亮显示"关掉，使灯泡处在熄灭的状态)。如图 2.27 所示，右击所关注的连线处，在弹出的快捷菜单中选择"断点"→"设置断点"，生成的断点如图 2.28 所示；然后再创建探针，如图 2.29 所示。随后，单击程序框图面板上的"运行"按钮，程序会在断点处暂停，探针中会显示当前连线中变量的数值，如图 2.30 所示，然后可以利用程序框图面板工具条中的"单步执行"工具使程序继续运行。

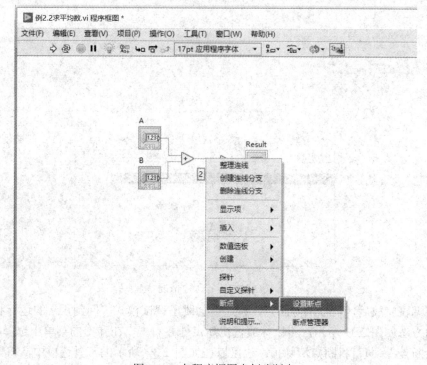

图 2.27　在程序框图中创建断点

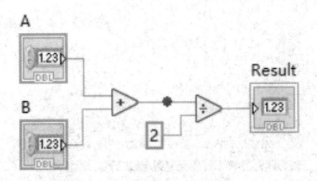

图 2.28　在程序框图中生成的断点

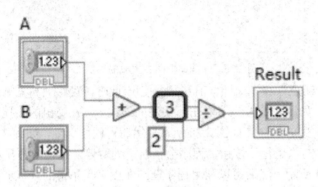

图 2.29　在断点处创建探针

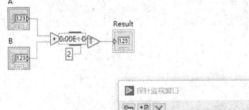

图 2.30　运行程序情况

　　程序调试完成后，可以清除断点，程序就会跳出调试模式，回到正常的运行状态。清除断点的方法如图 2.31 所示，将鼠标放置在断点处并右击，在弹出的菜单中选择"断点"→"清除断点"，即可将断点清除掉；也可以在如图 2.32 所示的工具选板中，将鼠标的状态变为"断点"的状态，然后在有断点的连线处单击，即可将断点清除掉。

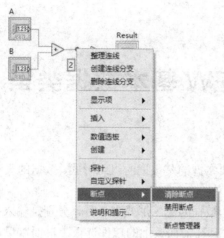
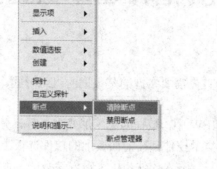

图 2.31　清除断点　　　　　　　　　　　　图 2.32　设置/清除断点

2.5　软件使用技巧

学习和使用 LabVIEW 时的主要技巧如下：

(1) 即时帮助：LabVIEW 中的函数有很多，掌握它们的最好方法，是在想利用时再具体学习其原理。届时，可以利用 LabVIEW 的即时帮助功能，将鼠标移至要调用的功能函数的图标上时，程序框图面板的右上角会显示出对该功能函数的简要说明；单击"详细帮助信息"，会自动调出帮助文件中关于当前选中函数(或者控件)的详细介绍。

(2) 快捷操作：按下 Ctrl+B 组合键，可以删除程序框图面板中的所有断线；按下 Ctrl+H 组合键，可以调出即时帮助；按下 Ctrl+E 组合键，可以进行前面板与程序框图面板的切换；等等。对于这些，学习者可根据自己的编程喜好，在使用中逐渐积累，不断提高编程效率。

习　　题

1. 建立一个 VI，实现 Z = X*Y 的功能，即输入参数是 X 和 Y，输出参数为 Z。再将上述 VI 建成一个子 VI，并能够在新建的 VI 中调用它。

2. 打开习题 1 所建的 VI，在程序框图面板的工具条上单击"高亮显示"，运行此 VI，观察此 VI 中数据的传输流动过程。

3. 打开习题 1 所建的 VI，在程序框图面板的工具条上单击"高亮显示"，并设置探针，运行此 VI，观察探针中数值的变化。

4. 打开习题 1 所建的 VI，在程序框图面板中为其设置断点和探针，运行此 VI，观察探针中数值的变化。

第 3 章　LabVIEW 基本数据类型

LabVIEW 中有关数据的内容，首先需要掌握的是数据的组织形式、数据的表现形式和数据类型 3 个概念。

(1) 数据的组织形式。在 LabVIEW 中，数据的组织形式有 3 种，分别是输入控件、显示控件和常量。其中，输入控件和显示控件都在前面板上的控件选板上，而常量却是在程序框图面板的函数选板上。一般而言，输入控件是用来输入参数的，而显示控件是用来显示 VI 的测量、分析、计算及处理结果的。

(2) 数据的表现形式。以数值型数据为例，它可以表现为数值输入控件、仪表(表盘)、量表和滑动杆等多种形式，它们都是从实际需求中衍生而来的。实际生活和工作场景中，有各式各样的测量仪表，如温度计、速度计、电能表、水表等等，虽然它们的外表差别很大，所反映的物理量也不同，但数据类型是相同的，即都是数值。

(3) 数据类型。LabVIEW 中，除了基本的数据类型，例如数值、布尔量和字符串等之外，还提供了几种所谓的复合数据类型，包括数组、簇、波形和 DDT。本章主要学习 LabVIEW 中的基本数据类型，主要有数值、字符串、布尔量、枚举与下拉列表和路径。

不同数据类型采用不同的颜色表示，如表 3.1 所示，标量是单实线，一维数组是加粗的实线，二维数组是两根单实线。

表 3.1　各种数据不同的表示方法

数据类型	颜色	标量	一维数组	二维数组
整数型数值	蓝色			
浮点型数值	橙色			
布尔型	绿色			
字符串	粉红色			

3.1　数　值　型

本节将介绍最基本的数据类型——数值。LabVIEW 中的数值控件有很多种表现形式，并提供了很多对数值的操作函数。

3.1.1　数值的数据类型

LabVIEW 以浮点数、定点数、整数、无符号整数以及复数等不同数据类型表示数值数据。那么，LabVIEW 中的数值数据类型是如何进行设置的呢？

　　下面，以一个数值输入控件为例进行介绍(显示控件以及常量是类似的)。首先，在前面板上创建一个数值输入控件，然后经鼠标操作来到程序框图面板。这时，程序框图面板上已经出现了一个数值输入控件的图标，它与在前面板上生成的数值输入控件相对应，如图 3.1 所示。此情况下，LabVIEW 默认生成的数值的数据类型为双精度 64 位实数。这个信息是如何得到的呢？一个办法是，通过查看该数值输入控件在程序框图面板上的显示图标来判断其当前的数据类型。因为在 LabVIEW 中，不同数据类型的数值控件的图标颜色和形式是不一样的，如图 3.1 所示的数值输入控件是双精度类型，所以在程序框图中的颜色应该是橙色的，而且下面有标识 "DBL"，这表明，该数值输入控件中的数据当前的数据类型为双精度浮点数。LabVIEW 中的数值数据类型有多种，除了实数(橙色)和整数(蓝色)通过颜色可以快速地辨识出来外，想要知道某数值输入控件中当前的具体数据信息，仅靠其图标上的标识来判断，还不能保证准确无误。鉴于此，一个简便、可靠的办法，是调用 LabVIEW 的即时帮助功能。具体操作方法是，在程序框图上，选中所关注的数值输入控件的图标，然后按下 Ctrl+H 组合键，就会在程序框图面板上弹出一个即时帮助窗口，显示出该输入控件当前的数值数据类型，如图 3.2 所示。

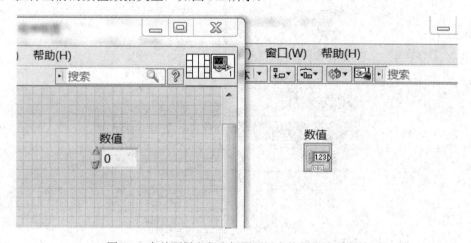

图 3.1　在前面板和程序框图面板中的数值输入控件

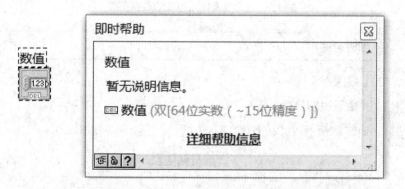

图 3.2　即时帮助中显示的数值输入控件的数据类型信息

　　另外，数值输入控件当前的数据类型也是可以改变的。如图 3.3 所示，改变数值输入控件当前的数据类型的方法为：首先，在程序框图上选中所关注数值输入控件的图标，右击，选择"表示法"，可以看到共有 15 种数据类型，且当前选中的是"DBL"；改为选择下方的"I32"，随即程序框图中该输入控件的图标就变成了蓝色，即时帮助窗口中给出的信息也改为 32 位的整数，如图 3.4 所示。如此，就将输入控件中的双精度浮点数改成了整型数。LabVIEW 中的 15 种数据类型各自的具体含义如表 3.2 所示。

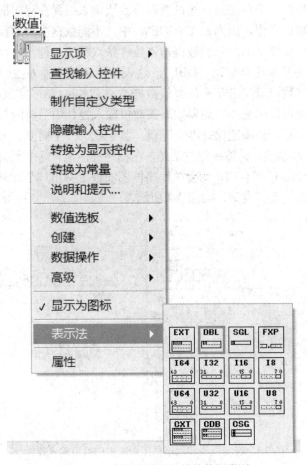

图 3.3　改变数值输入控件的数据类型

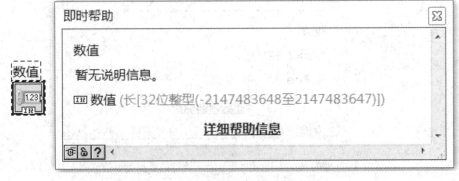

图 3.4　输入控件的数据类型为整型

表 3.2　LabVIEW 的 15 种数值数据类型

缩写	含　义
EXT	扩展精度浮点数，保存其到存储介质时，LabVIEW 会将其保存为独立于平台的 128 位格式。内存中，数据的大小和精度会根据平台的不同而有所不同，只在确有需要时，才会使用扩展精度的浮点型数值。扩展精度浮点数的算术运行速度，会因所用平台的不同而有所不同
DBL	双精度浮点数，具有 64 位 IEEE 双精度格式，是双精度时数值对象的默认格式，即大多数情况下，应使用双精度浮点数
SGL	单精度浮点数，具有 32 位 IEEE 单精度格式。如所用计算机的内存空间有限，且实施的应用和计算等绝对不会出现数值范围溢出情况，应使用单精度浮点数
FXP	定点型
I64	64 位整型(–1e19～1e19)
I32	有符号长整型(–2 147 483 648～2 147 483 647)
I16	双字节整型(–32 768～32 767)
I8	单字节整型(–128～127)
U64	无符号 64 位整型(0～2e19)
U32	无符号长整型(0～4 294 967 295)
U16	无符号双字节整型(0～65 535)
U8	无符号单字节整型(0～255)
CXT	扩展精度浮点复数
CDB	双精度浮点复数
CSG	单精度浮点复数

在进行 VI 编程时，特别要注意对数据类型的正确使用，否则 VI 运行中出现问题时，可能很难找到出错的原因。下面以例 3.1 进行说明数据类型出错的原因和调试方法。

【例 3.1】　求平均数。

在第 2 章中，已经编写出了求平均数的 VI。对于求平均数这个命题，有的初学者编写的 VI 如图 3.5 和图 3.6 所示。图 3.5 中的 Result 显示控件是整型数据，在程序框图中应该显示为蓝色；而且，在除数即数值常量 2 与除法函数相连处的程序框图中应该出现了一个红点——表示这里发生了数据类型的强制转换，即整型数被转换成了浮点数。同样，在 Result 显示控件的输入端子上也会出现一个红点，红点表示此处发生了强制数据类型转换。橙色的连线代表传输的是浮点数，而蓝色的 Result 显示控件代表接收到的应是整型数据，所以在此处也发生了数据类型的强制转换。这个 VI 通过了程序编译，并没有语法上的错误，但是当它运行完毕后，就会出现错误。如图 3.5 所示，当输入 1 和 2，结果本应该是 1.5，但此 VI 的计算结果却为 2。问题就出在 Result 控件的数据类型上。回到该 VI 的程序框图上，将 Result 显示控件的数据类型改为"DBL"，即双精度浮点数，然后再运行 VI，就会得到正确的结果了。

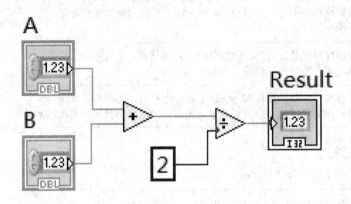

图 3.5   求平均数 VI 的程序框图

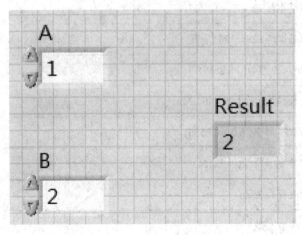

图 3.6   求平均数 VI 的前面板

3.1.2   数值控件

数值控件又分为数值输入控件和数值显示控件，这些控件均位于"控件"选板→"新式"→"数值"子选板上。数值输入控件和数值显示控件各自都有很多种表现形式，如图 3.7 所示。在控件选板上，它们又分为新式、银色、系统和经典等，即还具有不同的风格，使用者可根据自己的喜好选择使用。图 3.7 为前面板中的数值控件分别为"新式""银色""系统"和"经典"这几种风格时的控件。数值函数均位于"函数"选板→"编程"→"数值"上，如图 3.8 所示。这些数值函数的图表都很形象，使用起来比较简单，可以根据实际需要选择相应的函数，随机数和常量也位于这个选板中。如图 3.9 所示，该选板提供了很多实现数值数据类型转换的函数，如此，就可以通过编程的方式改变数值的数据类型了。

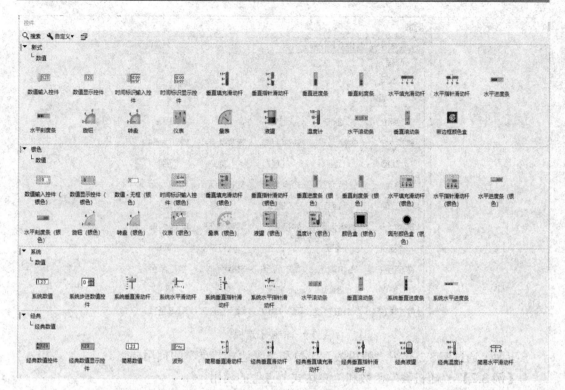

图 3.7 数值控件的几种风格

图 3.8 数值函数

图 3.9　转换子选板

下面，通过例 3.2 介绍"随机数"函数和"表达式节点"的使用要点。

【例 3.2】　"随机数"函数和"表达式节点"的使用。

例 3.2 的 VI 如图 3.10 所示，其中调用了"表达式节点"。"表达式节点"用于计算含有单个变量的表达式。使用"表达式节点"时，要注意采用正确的语法、运算符和函数。

"随机数"函数的图标，外观看起来像两个错落放置在一起的骰子，调用它可以生成数值范围在 0～1 的一个随机数，在需要生成随机信号的编程场合经常会用到它。

图 3.10　例 3.2 的 VI 的程序框图和前面板

3.2　字　符　串

LabVIEW 中，字符串是指 ASCII 字符的集合，用于文本传送、文本显示及数据存储等。在对实际存在的仪器和设备进行控制操作时，控制命令和数据等基本都是按字符串格式加以传输的。

3.2.1　字符串控件

LabVIEW 中的字符串控件，位于"控件"选板→"新式"→"字符串与路径"子选板和"列表与表格"子选板上。字符串控件也分为输入控件和显示控件两种。

图 3.11 展示的是字符串组合控件的使用示例。该控件可以写入多个字符串，每个称为一个"项"，并对应一个"值"。选中组合框控件，右击弹出快捷菜单，选择"属性"→"编辑项"，可对"项"和"值"进行编辑，如图 3.12 所示。

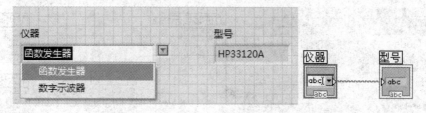

图 3.11　字符串组合控件

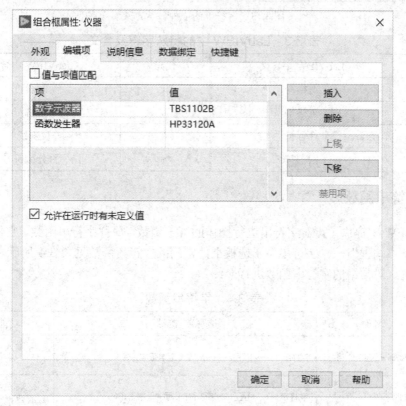

图 3.12　字符串组合控件的属性设置

3.2.2　字符串的显示方式

字符串的显示方式有 4 种：

(1) Normal Display，即正常显示，它是字符串控件的默认设置；

(2) \Codes Display，即\代码显示，用以查看在正常方式下不可显示的字符代码，其在程序调试、向仪器设备传输字符时较为常用；

(3) Password Display，即口令显示，在这种方式下，用户输入的字符均改以字符"*"代替；

(4) Hex Display，即十六进制显示，字符以对应的十六进制 ASCII 码的形式显示，在程序调试和 VI 通信时比较常用。

图 3.13 所示的 VI 给出了同一段字符串的 4 种显示方式。LabVIEW 中的一些特殊字符及其含义，提供在表 3.3 中。

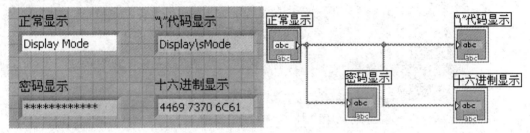

图 3.13　字符串的 4 种显示方式

表 3.3　LabVIEW 中的特殊字符及含义

代码	LabVIEW 中含义	代码	LabVIEW 中含义
\b	退格符	\t	制表符
\f	进格符	\s	空格符
\n	换行符	\\	反斜线:\
\r	回车符	%	百分比符号

3.2.3　字符串函数

LabVIEW 中提供了可对字符串进行操作的若干函数，简称字符串函数，它们位于"函数"选板→"编程"→"字符串"子选板上，常用的字符串函数见表 3.4 所示。下面将通过 3 个示例，对常用的字符串函数进行介绍。

表 3.4　字符串函数

序号	名称	图标和连接端口	功能说明
1	转换为大写字母	字符串 ——[aA]—— 所有大写字母字符串	将输入字符串转换为大写形式
2	转换为小写字母	字符串 ——[Aa]—— 所有小写字母字符串	将输入字符串转换为小写形式
3	格式化写入字符串	格式字符串 初始字符串 错误输入（无错误） 输入1 (0) … 输入n (0) 结果字符串 错误输出	把字符串、数值、路径或布尔量转换为字符串格式
4	电子表格字符串至数组转换	分隔符(Tab) 格式字符串 电子表格字符串 数组类型(2D Dbl) 数组	把电子表格格式的字符串转换成数组
5	格式化日期/时间字符串	时间格式化字符串(%c) 时间标识 UTC格式 日期/时间字符串	以指定的格式显示时间字符串

续表

序号	名称	图标和连接端口	功能说明
6	字符串长度	字符串 ━━━━█▶━━ 长度	返回字符串长度
7	连接字符串	字符串0 字符串1 … 字符串n-1　━━ 连接的字符串	把几个字符串连接起来组成一个新字符串
8	截取字符串	字符串 偏移量(0) 长度（剩余）━━ 子字符串	从输入字符串的"偏移量"位置开始，取出要求长度的子字符串
9	替换子字符串	字符串 子字符串("") 偏移量(0) 长度（子字符串长度）━━ 结果字符串 替换子字符串	在指定位置插入、删除或替换子字符串

【例 3.3】"格式化写入字符串"函数的使用。

为例 3.3 编写好的 VI 的程序框图如图 3.14(a)所示，其中调用了"格式化写入字符串"函数，将字符串"头"、数值和字符串"尾"连接在一起，生成新的字符串；并调用了"字符串长度"函数。该 VI 的前面板如图 3.14(b)所示，可见，在前面板上，是将字符串"头"设置为"SET"，将数值设为"5.5"，将字符串"尾"设为"VOLTS"。运行此 VI 可以看到，连接后的字符串为"SET 5.50 VOLTS"，且计算出了此字符串的长度为 14。

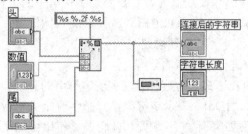

(a) 格式化写入字符串 VI 的程序框图　　　　　　(b) 格式化写入字符串 VI 的前面板

图 3.14　格式化写入字符串函数 VI 的程序框图和前面板

注意："格式化写入字符串"函数图标边框上沿的中间处，是进行字符串连接的格式输入端口，双击该函数图标，可以弹出对话框，如图 3.15 所示，在该对话框内，可对连接字符串的格式进行设置。

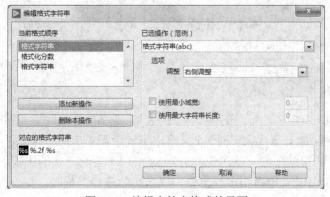

图 3.15　编辑字符串格式的界面

【例 3.4】 字符串的分解。

为例 3.4 编写的 VI 中，调用了"截取字符串"和"扫描字符串"两个函数，具体是要将输入字符串"VOLTS DC+1.345E+02"中的"DC"和数值"1.345E+02"分解出来。该例题 VI 的程序框图和前面板如图 3.16 所示。

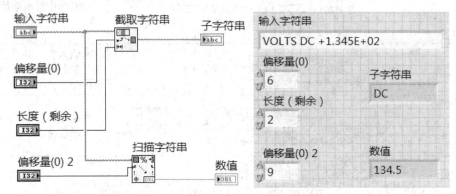

图 3.16　字符串分解示例 VI 的程序框图和前面板

在实际应用中，例如计算机从下位机(单片机)接收到的数据都是字符串类型的，那么经常要做的一项工作就是要从一段字符串中提取出实际感兴趣的信息。例 3.4 就实现了类似的功能，如提取出"DC"，就表明是直流电压；提取出"1.345E+02"，意味着获得了当前直流电压数值的大小。例 3.4 的实现方法，是已知要提取的元素在整个字符串中的位置，以此为根据，将所感兴趣的元素提取出来。那么，如果不知道感兴趣元素的具体位置，又该如何实现上述目标呢？对此，例 3.5 给出了另外一种实现思路。

【例 3.5】 利用"匹配正则表达式"函数进行字符串的分解。

为例 3.5 编写的 VI 中，调用了"匹配正则表达式"函数，用以实现字符串的分解。该 VI 的前面板和程序框图如图 3.17 所示，其中，"[Dd]"表示字符串第一个字符是大写或小写的 D，"[Cc]"表示字符串第二个字符是大写或小写的 C，如此，就将源字符串中的子字符串"DC"找到了，并将源字符串从"DC"处分解成了 3 段，匹配之前为 VOLTS，匹配之后为字符串"+1.345E+02"，再将其转换成数值类型，即输出数字"134.5"。

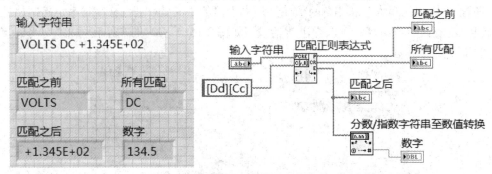

图 3.17　"匹配正则表达式"函数使用示例的前面板和程序框图

正则表达式的功能非常强大，例 3.5 只给出了一个简单应用。有关正则表达式的语法，请参看 LabVIEW 的帮助文件。从例 3.4 和例 3.5 的 VI 实现方式的比较可以看出，为实现相同的功能，LabVIEW 可能有很多种方法，故在实际进行编程时，要根据已知条件来设计自己的 VI。

3.3　布　尔　型

布尔量只有两个状态，要么真，要么假。布尔控件位于"控件"选板→"新式"→"布尔"子选板上，如图 3.18 所示。与布尔量对应，每个布尔控件都具有两个值，即真和假。布尔控件的表现形式有很多种，例如有指示灯、开关或按钮等。对布尔量实施操作的函数简称布尔函数，它们位于"函数"选板→"编程"→"布尔"子选板上，如图 3.19 所示。

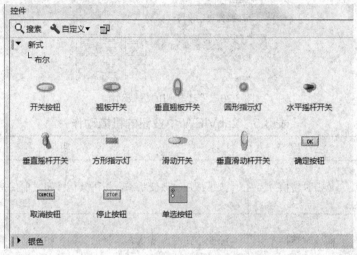

图 3.18　布尔控件子选板

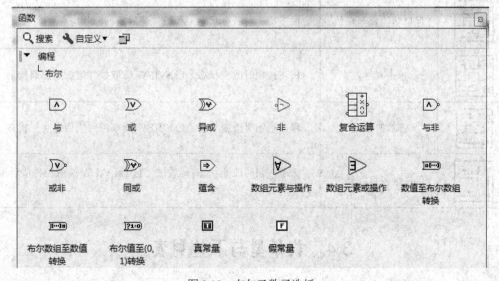

图 3.19　布尔函数子选板

在使用按钮控件时，要注意其"机械动作"属性的设置。选中按钮控件并右击，在弹出的快捷菜单中，选择"机械动作"，如图 3.20 所示。可以看到，LabVIEW 提供了 6 种机械动作。各种机械动作所代表的含义如表 3.5 所示。

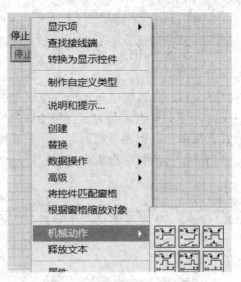

图 3.20　停止按钮的机械动作

表 3.5　LabVIEW 中按钮的机械动作

图　标	名　称	说　　明
	单击时转换	按下按钮时改变状态。按下其他按钮之前保持当前状态
	释放时转换	释放按钮时改变状态。释放其他按钮之前保持当前状态
	保持转换直至释放	按下按钮时改变状态。释放按钮时返回原状态
	单击时触发	按下按钮时改变状态。LabVIEW 读取控件值后返回原状态
	释放时触发	释放按钮时改变状态。LabVIEW 读取控件值后返回原状态
	保持触发直到释放	按下按钮时改变状态。释放按钮且 LabVIEW 读取控件值后返回原状态

3.4　枚 举 型 与 下 拉 列 表

　　LabVIEW 中，枚举控件位于"控件"→"新式"→"下拉列表和枚举"子选板上，如图 3.21 所示。"下拉列表与枚举"多用于具有多个分支的情况，经常与条件结构配合使用。下面通过一个例子介绍"下拉列表与枚举"控件的使用。

图 3.21   枚举和下拉列表控件

【例 3.6】 设计一个简易的计算器，当在其前面板上选择不同的功能时，它应给出相应的计算结果。如图 3.22 所示，选中一个枚举控件，将其拖曳到前面板上，选中此控件并右击，在弹出的快捷菜单(如图 3.23 所示)中选择"编辑项"，如此，会弹出如图 3.24 所示的界面；随后，在项的表格中，可以输入项的名称，比如在此例中输入"相加"，单击右侧的"插入"按钮，便可以添加新的项。根据上述相同的操作，再创建另外两项"相乘"和"相减"，如图 3.24 和图 3.25 所示。

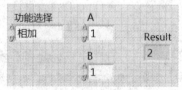

图 3.22   前面板

图 3.23   枚举控件的快捷菜单

图 3.24 编辑项界面(1)

图 3.25 编辑项界面(2)

在为此例编写的 VI 的程序框图中，调用了一个条件结构，它位于"函数"选板→"编程"→"结构"子选板上。将"枚举"控件连至条件结构的选择器端子上，如此，条件结构会自动辨识出其中的两个分支，如图 3.26 所示。剩余的分支，需要再手动添加上去。如图 3.27 所示，具体的操作方法是，选中条件分支并右击，在弹出的快捷菜单中选择"在后面添加分支"，如此，就将后一分支设置好了。而条件结构是按照这些分支在枚举控件中的值属性依次添加的。例如，默认的分支是值为 0 和 1，对于本例而言，是"相乘"和"相减"。这样，继续添加的分支是值为 2 的"相加"，最后 3 个分支如图 3.28 所示。然后，再在条件结构的各个分支中加入相应的代码，如图 3.29 所示。

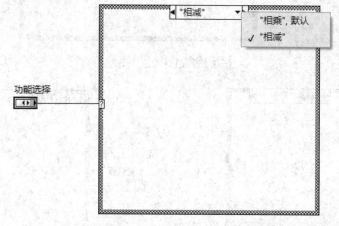

图 3.26　默认的两个分支

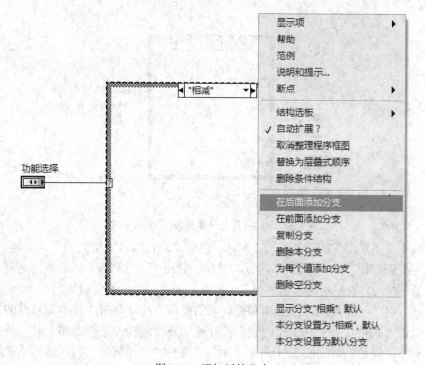

图 3.27　添加新的分支

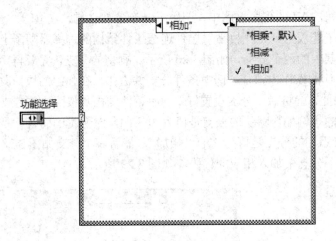

图 3.28　最终的三个分支

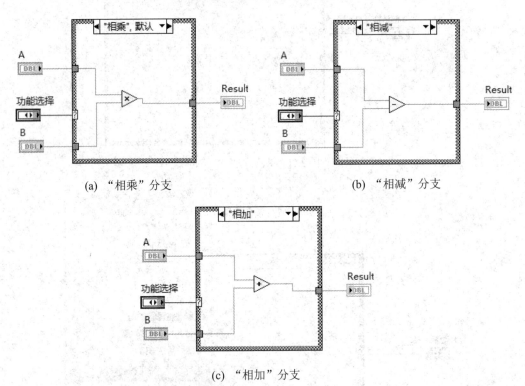

(a) "相乘"分支　　　　　　　　　　　　　　(b) "相减"分支

(c) "相加"分支

图 3.29　例 3.6 简易计算器 VI 的程序框图

　　为例 3.6 所要求实现的功能编写 VI 时，也可改为利用"下拉列表"来实现。VI 的前面板和程序框图如图 3.30 和图 3.31 所示，其中，利用"下拉列表"的道理与之前利用"枚举"控件是一样的，也是利用了条件结构。所以，这里只给出条件结构的一个分支的代码，而不再赘述。对"下拉列表"添加项和编辑项的操作方法，与对"枚举"控件的几乎一模一样；两者的区别是，当把"下拉列表"控件连至条件结构的选择器端子时，条件结构识别的不是标签，而是值，如图 3.31 所示。所以，使用"下拉列表"时，需要注意将前面板"下拉列表"的标签与条件结构中各个分支的值对应正确。

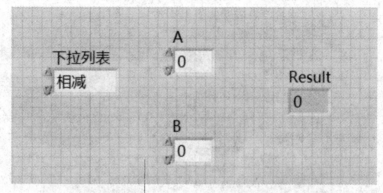

图 3.30　利用"下拉列表"实现的简易计算器 VI 的前面板

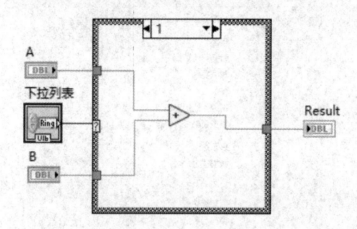

图 3.31　利用"下拉列表"实现的简易计算器 VI 的程序框图

在 LabVIEW 中，还有别的控件也可以实现上述功能，例如"滑动杆"控件、"组合框"控件等。使用"滑动杆"控件实现简易计算器的 VI 的前面板如图 3.32 所示，"滑动杆"控件位于"控件"选板→"新式"→"数值"子选板上。使用"滑动杆"控件时，需要进行以下设置，选中"滑动杆"控件并右击，在弹出的快捷菜单(如图 3.33 所示)中设置相关参数，这些设置包括：① 选中"文本标签"；② 在表示法中，将数据类型改为整型，如图 3.34 所示的 I8；③ 单击"属性"，在弹出的界面上进行文本标签值的输入，如图 3.35 所示。这里的操作，与前述的"枚举"控件和"下拉列表"控件的操作相类似。

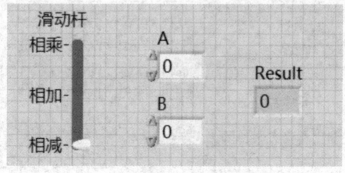

图 3.32　利用"滑动杆"的前面板

图 3.33　"滑动杆"的参数设置菜单

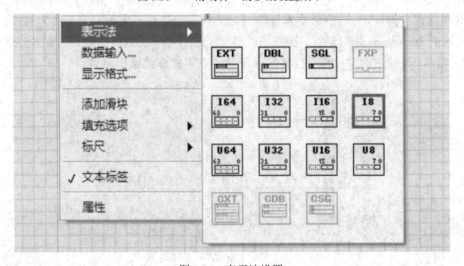

图 3.34　表示法设置

图 3.35　属性对话框

如图 3.36 所示，在利用"滑动杆"实现的简易计算器 VI 的程序框图中，当将"滑动杆"连接至条件结构的选择器标签上时，条件结构识别的也是"值"，即 0、1 和 2，所以使用"滑动杆"控件时，也要注意条件结构中的分支要与"滑动杆"控件中的标签对应正确。

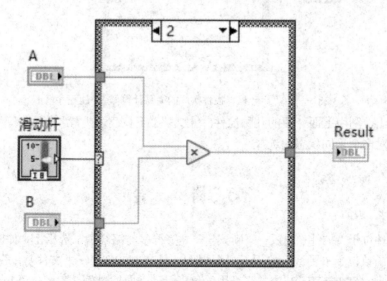

图 3.36　利用"滑动杆"控件实现的简易计算器 VI 的程序框图

　　在讲解字符串控件部分时，曾学习过"组合框"控件，其数据类型属于字符串。按照图 3.12 所示的方法，编辑好"组合框"控件的"项"。对例 3.6 的命题，改用"组合框"控件实现简易计算器 VI 的前面板和程序框图分别如图 3.37 和图 3.38 所示。在该 VI 的程序框图中，将"组合框"控件连至条件结构的选择器端子上，随后，条件结构会自动识别两个分支("真"和"假")。注意，这里的"真"和"假"是带双引号的，是字符串类型。接下来，只需将"真"和"假"改成相应的标签，比如"相加"和"相减"。因为存在 3 个分支，所以同前所述，还需要再添加新的分支。

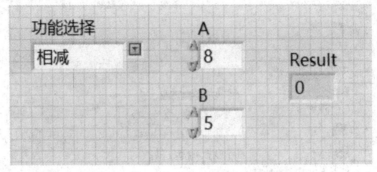

图 3.37　利用"组合框"控件实现的简易计算器 VI 的前面板

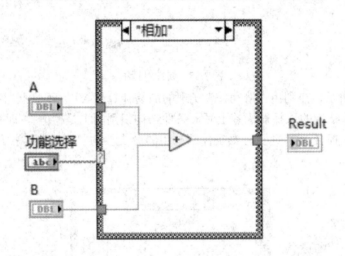

图 3.38　利用"组合框"控件实现的简易计算器 VI 的程序框图

　　可以看出，利用上面介绍的几种控件("枚举""下拉列表""滑动杆"和"组合框")，都可以实现对多个不同状态的选择。

3.5　路　　径

　　路径控件位于"控件"选板→"新式"→"字符串与路径"子选板上，如图 3.39 所示。路径常量及函数位于"函数"选板→"编程"→"文件 I/O"→"文件常量"子选板上，如图 3.40 所示。在 LabVIEW 中，路径用绿色表示。下面通过例 3.7 来介绍 LabVIEW 中的路径操作。

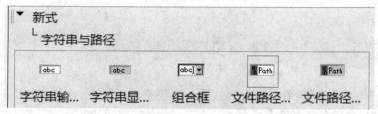

图 3.39　路径控件

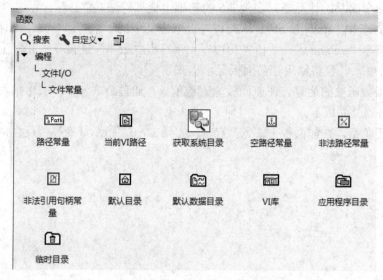

图 3.40　路径常量及函数

【例 3.7】　提取当前 VI 的路径。

这是利用 LabVIEW 编程时经常会用到的一个小功能，即如何获得当前 VI 的路径，一个编写好的实现其功能的 VI 的程序框图如图 3.41 所示。其中，调用了"当前 VI 的路径"函数，该函数位于"函数"选板→"编程"→"文件 I/O"→"文件常量"子选板上。从其前面板的运行结果(图 3.41)，即控件"当前 VI 的路径"的值可以看出，调用该函数得到的路径包含了当前 VI 的名称。而在实际应用中，更希望得到此 VI 的位置，即要去掉 VI 名称之后剩下前的"D：\DSP"。这个功能，可以通过调用"拆分路径"函数实现，此函数位于"函数"选板→"编程"→"文件 I/O"子选板上。如此，如果想向此目录下写入一个新的文件，文件名称取名为"data.txt"，再调用"创建路径"函数，就可以得到新文件"data.txt"在 LabVIEW 中的路径了。

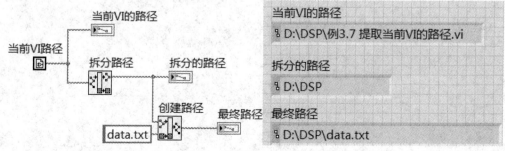

图 3.41　实现例 3.7 功能的 VI 的程序框图和前面板

习　题

1. 计算三角函数的值。在前面板上放置一个数值输入控件，分别求出其正弦和余弦值，并将结果输出、显示在前面板上。

2. 设计一个简易的计算器，在例 3.6 的基础上增加除法功能。

3. 输入字符串"I study LabVIEW 2017"，提取出其中的子字符串"study"和数值"2017"。

4. 将字符串"Labview"、数值"2017"和字符串"版本"连接在一起，生成新的字符串并求出其长度，并且将结果在前面板显示出来。

5. 实现指数函数的运算。在前面板输入数值 x，通过公式 $y = e^x$ 求出指数函数的值，并将结果输出到前面板上。

6. 判断正负数。在前面板上输入数值 x，如果 x＞0，指示灯变亮；反之，则指示灯为暗色。

第 4 章 LabVIEW 复合数据类型

在第 3 章中，学习了 LabVIEW 中的基本数据类型，包括数值、字符串、布尔和枚举等。本章将介绍 LabVIEW 特有的复合数据类型，主要有数组、矩阵、簇和波形。

4.1 数   组

数组是相同类型元素的集合。在 LabVIEW 中，数组的索引号从 0 开始，可以是一维或多维的。与 C 语言不同的是，在 LabVIEW 中创建数组时，不用事先指定数组的大小，即数组的长度可以根据 VI 的需求而改变。

4.1.1 数组数据的组成

数组由元素和维度组成，如图 4.1 所示。元素是组成数组的数据，维度是数组的长度、高度或深度。数组可以是一维或多维的，在内存允许的情况下，每一维度可有多达 $2^{31}-1$ 个元素。一维数组将数据组织成一行或一列的形式，相当于几何中的一条线；二维数组将数据组织成若干行和若干列的形式，相当于几何中的面；三维数组将数据组织成若干层的形式，每一层都是一个二维的数字组，相当于几何中的体。

不论是几维，数组中的每一个元素都有唯一的索引与之对应，对数组中每个元素的访问都是通过索引进行的。

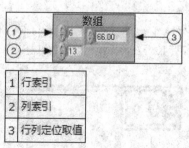

1	行索引
2	列索引
3	行列定位取值

图 4.1 数组数据的组成示意图

4.1.2 数组的创建

在前面板和程序框图中都可以创建数值、布尔、字符、波形和簇等数据类型的数组。按照以下步骤，我们来学习如何在 LabVIEW 中创建一个数组。

　　(1) 创建数组框架。数组框架有两种(如图 4.2 和图 4.3 所示)：一种用于建立输入控件和显示控件，找到它的路径是"控件"选板→"新式"→"数组、矩阵与簇"→"数组"子选板；另一种用于建立常量，找到它的路径为"函数"选板→"编程"→"数组"子选板→"数组常量"。LabVIEW 默认初建的数组框架是一维的。

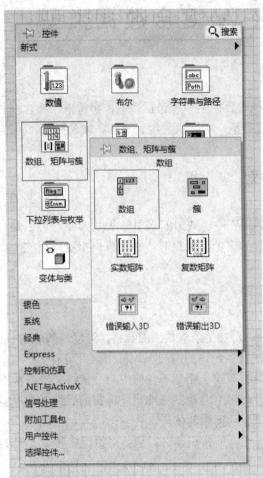

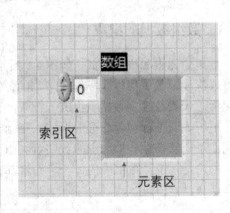

(a) 空间选板　　　　　　　　　　　　　　　　(b) 前面板控件

图 4.2　在前面板创建的数组框架

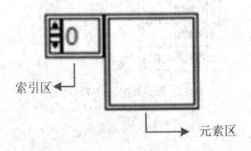

图 4.3　在程序框图面板创建数组常量框架图

　　此时创建的只不过是一个数组的"壳"，里面还没有任何内容，接下来需要为这个数组控件添加一个数据类型。

　　(2) 向数组框架中添加"元素"，以确定数组元素的数据类型。比如我们创建一个数值型数组，单击"数值"型控件，并将其拖曳到"数组"控件中，如图 4.4 所示。

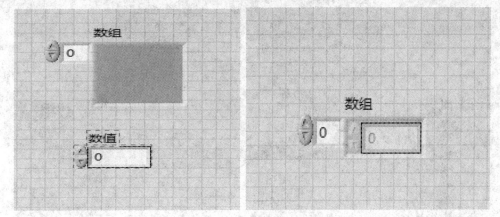

图 4.4　创建数值型数组

　　(3) 以拖动方式操作，来确定数组元素的可视大小，如图 4.5 所示；通过拖曳鼠标，可同时显示多个元素，具体如图 4.6 所示。

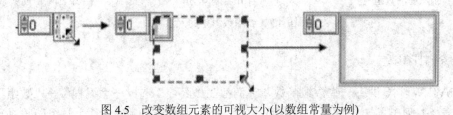

图 4.5　改变数组元素的可视大小(以数组常量为例)

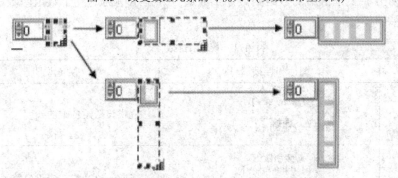

图 4.6　同时显示多个元素(以数组常量为例)

　　(4) 增加数组的维度。增加数组维度有两种实现方法：一种是用鼠标选中数组并右击鼠标，弹出快捷菜单，选择"添加维度"或"删除维度"；另一种是将鼠标移至数组左上角区域，通过拖曳改变数组的维数。

　　按照上述步骤创建好的一个数组输入控件如图 4.7(a)所示。有时，需要将数组中的某个元素删除，操作步骤如下：将鼠标放在要删除的元素(比如元素 5)处并右击鼠标，选择"数据操作"中的"删除元素"，如图 4.7(b)所示。删除元素 5 后的数组如图 4.7(c)所示。

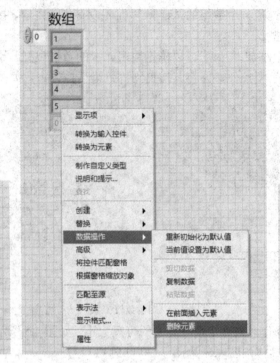

(a) 删除前的数组　　　　　　　　(b) 删除数组　　　　　　　(c) 删除后的数组

图 4.7　删除数组中的元素

4.1.3　数组函数

LabVIEW 中提供有一些数组函数，它们都在"函数"选板→"编程"→"数组"子选板上。表 4.1 列出了 5 个常用的数组函数，下面通过几个示例对这几个数组函数进行具体介绍。

表 4.1　数组函数

序号	名称	图标和连接端口	功能说明
1	数组大小	数组大小 [Array Size] 数组 ——〔 〕—— 大小	提供该数组各维的长度
2	索引数组	索引数组 [Index Array] n维数组 索引0 索引n-1 —— 元素或子数组	返回 n 维数组在索引位置的元素或子数组
3	数组子集	数组子集 [Array Subset] 数组 索引(0) 长度（剩余） 索引(0) 长度（剩余） —— 子数组	返回数组的一部分，从索引处开始，包含"长度"个元素

续表

序号	名称	图标和连接端口	功能说明
4	初始化数组	**初始化数组** [Initialize Array] 元素 —— 维数大小0 —— ··· 维数大小n-1 —— —— 初始化的数组	创建一个 n 维数组，其中的每个元素都被初始化为元素的值
5	创建数组	**创建数组** [Build Array] 数组 —— 元素 —— 元素 元素 —— 添加的数组	将若干个输入数组和元素组合成一个新的数组

【例 4.1】　"数组大小"函数。

本例的 VI 的程序框图和前面板如图 4.8 所示。它完成的是将一个三维数组常量连至"数组大小"函数，然后将此函数的输出结果提供给"大小"显示控件。运行此 VI，从前面板上"大小"显示控件的结果可以看出，这个数组的大小为 2 页、3 行和 4 列。

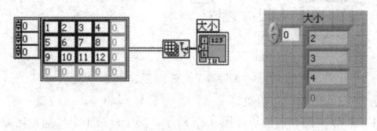

图 4.8　"数组大小"函数使用示例

【例 4.2】　"索引数组"函数。

本例的 VI 程序框图和前面板如图 4.9 所示。它所实现的是将一个 5 行 3 列的二维数组常量连至"索引数组"函数。摆放位置在上的被调用的"索引数组"函数，索引的是原二维数组第 1 行的元素，输出结果是原二维数组的一个子数组，且是一个一维数组。而摆放位置在下的被调用的"索引数组"函数，索引的是原二维数组中第 1 行第 2 列的那个元素，输出的是一个数值常量。

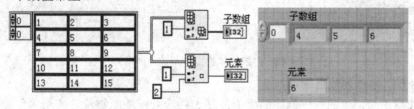

图 4.9　"索引数组"函数使用示例

【例 4.3】　"数组子集"函数。

本例的 VI 的程序框图和前面板如图 4.10 所示。它完成的是将一个 5 行 3 列的二维数组常量连至"数组子集"函数。其中，"数组子集"函数索引的是原二维数组从第 1 行开始、长度为 3 的一个子二维数组，具体输出的子二维数组有 3 行 3 列。

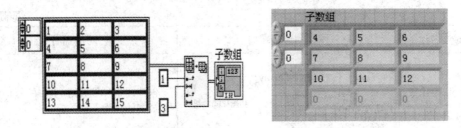

图 4.10　"数组子集"函数使用示例

【例 4.4】　"删除数组元素"函数。

本例的 VI 的程序框图和前面板如图 4.11 所示。输入的数组是一维的，共有 5 个元素，分别是"1、2、3、4、5"。该 VI 调用了"删除数组元素"函数，将输入数组中的索引号为 2、长度为 1 的元素删除掉了。结果如图 4.11 所示，即元素 3 被删掉了。

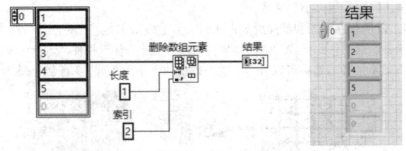

图 4.11　"删除数组元素"函数使用示例

【例 4.5】　"初始化数组"函数。

本例的 VI 的程序框图和前面板如图 4.12 所示。其中，第 1 个"初始化数组"函数(摆放位置在上的)创建了一个长度(大小)为 5 的一维数组，且其中的每个元素都是 1；第 2 个"初始化数组"函数创建了一个 5 行 3 列的二维数组，且其中的每个元素都是 2。

图 4.12　"初始化数组"函数使用示例

【例 4.6】　"创建数组"函数。

在图 4.13 所示 VI 的程序框图面板上，基于两个一维数组常量，利用"创建数组"函数生成了一个新数组。其中，摆放位置在上的"创建数组"函数的"连接输入"选项是勾选的，可实现将两个一维数组串接起来，生成一个新的一维数组。而摆放位置在下的"创建数组"函数的"连接输入"选项是未选择的，实现的是将两个一维数组作为元素，生成另一个新的二维数组，并以原最长的一维数组的大小作为新建的二维数组相应维的大小，且对缺少的部位进行自动补 0。

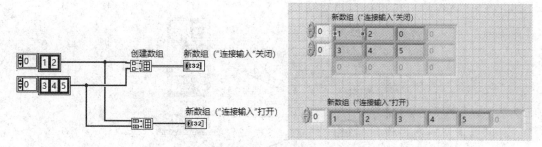

图 4.13　"创建数组"函数使用示例

4.2　簇

簇是多个元素的集合。与数组不同的是，簇的元素可以是不同类型的，类似于 C 语言的结构体。利用簇，可以在编写 VI 的过程中将分布在程序框图上不同位置的数据元素组合起来，这样可以减少连线的拥挤程度；另外，还可以减少子 VI 中连接端子的数量。在实际应用中，当要对一个编写的测量仪器 VI 的若干个不同性质的参数进行配置时，就可以使用簇来实现。

4.2.1　簇的创建

LabVIEW 中簇的创建方法与创建数组类似，共有如下 3 个步骤：

(1) 创建簇框架，如图 4.14 所示。同数组一样，簇框架也有两种：一种是簇输入控件和簇显示控件框架，位于"控件"选板→"新式"→"数组、矩阵与簇"子选板上；另一种是簇常量框架，位于"函数"选板→"编程"→"簇、类与变体"子选板上。

(2) 向簇框架中添加元素，如图 4.14 所示。

(3) 通过拖曳确定簇的可视大小，如图 4.15 所示。

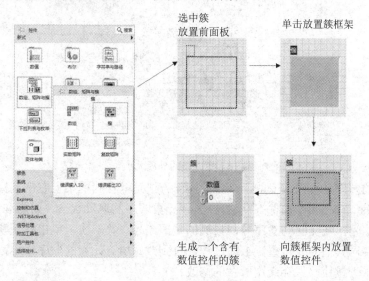

图 4.14　在前面板上创建簇

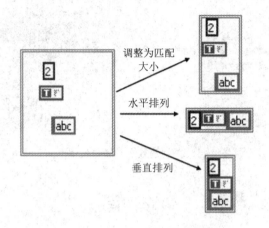

图 4.15　在程序框图面板上创建簇常量

在簇框架上右击，弹出的快捷菜单中"自动调整大小"子菜单中的 4 个选项可以用来调整簇框架的大小以及簇元素的布局。"无"选项不对簇框架做出调整；"调整为匹配大小"选项用于调整簇框架的大小，以适合所包含的所有元素；"水平排列"选项在水平方向压缩排列所有元素；"垂直排列"选项则在垂直方向压缩排列所有元素，如图 4.16 所示。

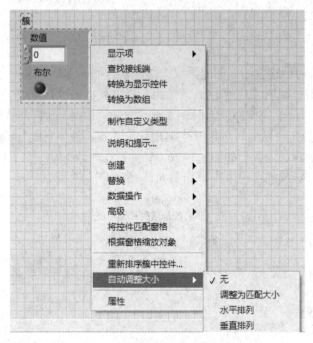

图 4.16　更改簇的外观大小

簇中元素的顺序是可以改变的。具体的操作方法是，在簇框架上右击鼠标，弹出快捷菜单，选择"重新排序簇中控件"，就打开了簇元素顺序的编辑状态。如图 4.17 所示，簇元素上有两个序号，左侧的为新序号，右侧的是旧序号。第一次，单击簇元素之一，改变其序号；随后，对其他的元素重复上述过程，直到改好所有元素的顺序为止，单击上方工具栏中的"确认"按钮，保存此次所做的修改。

图 4.17 簇的顺序

4.2.2 簇函数

表 4.2 列出了簇的主要函数，分别是"捆绑"函数、"解除捆绑"函数、"按名称捆绑"函数和"按名称解除捆绑"函数。

表 4.2 簇函数

序号	名称	图标和连接端口	功能说明
1	捆绑	**捆绑** [Bundle] 簇 元素0 元素1 …… 元素n-1 → 输出簇	(1) 将所有输入元素打包成簇 (2) 替换成新簇
2	解除捆绑	**解除捆绑** [Unbundle] 簇 → 元素0 元素1 …… 元素n-1	将簇中的元素分解出来
3	按名称捆绑	**按名称捆绑** [Bundle By Name] 输入簇 元素0 — 名称 0 → 输出簇 元素m-1 — 名称 m-1	(1) 将标签替换"输入簇"中的元素；替换结果从"输出簇"提供出来 (2) "输入簇"必须接入，且要求其至少 1 个元素有标签
4	按名称解除捆绑	**按名称解除捆绑** [Unbundle By Name] 已命名簇 → 名称 0 — 元素0 名称 m-1 — 元素m-1	(1) 将输入簇中的元素按标签解除捆绑 (2) 在函数输出端，只能获得拥有标签的簇元素

【例 4.7】 "捆绑"函数。

本例的 VI 的程序框图和前面板如图 4.18 和图 4.19 所示。从图 4.18 所示的程序框图可见，该 VI 利用"捆绑"函数将 3 个常量(字符串常量 abc、数值常量 1 和布尔常量 True)打包成一个簇，其结果经前面板的"输出簇"控件显示出来。

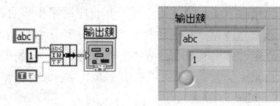

图 4.18 捆绑函数应用示例 1

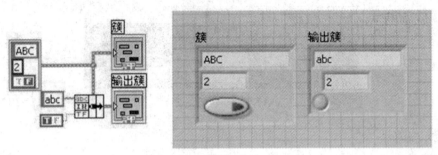

图 4.19　捆绑函数应用示例 2

　　"捆绑"函数的另一个功能是替换成新簇，图 4.18 所示的 VI 展示了这一用法。已知一个簇，其中的元素为字符串常量 ABC、数值常量 2 和布尔常量 False，将这个簇提供给"捆绑"函数，该函数就会自动识别输入簇中各元素的数据类型，并在输入端口上给出标示，比如"捆绑"函数的第一个连线输入口上有 abc 的标示，表示簇中的第一个元素为字符串常量。然后，将一个新字符串常量 abc 连至"捆绑"函数的第 1 个输入端口上，布尔常量 True 连至第 3 个输入端口上，再将"捆绑"函数的输出结果赋给"输出簇"控件。运行此 VI 可以看到，初始簇中的大写 ABC 被小写 abc 所替换，同时，布尔常量也由 False 变为了 True。

　　【例4.8】"解除捆绑"函数。

　　本例给出了"解除捆绑"函数的使用示例，其程序框图和前面板如图 4.20 所示。从程序框图中可见，一个簇常量连至"解除捆绑"函数上，该函数对输入簇进行解包，并会自动辨识出各元素的数据类型，最后将各元素连至相对应的显示控件，在前面板中显示出来。

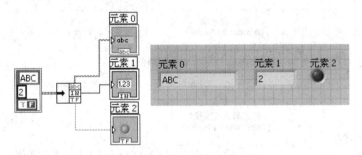

图 4.20　解除捆绑函数应用示例

　　"按名称捆绑"函数的功能是按照簇中元素的名称替换簇中的元素，其功能类似于捆绑函数。与捆绑函数不同的是，该函数是按名称，而不是按簇中元素的位置引用簇元素。使用该函数时，要求"输入簇"必须接入，且至少其中的 1 个元素有标签。下面通过例 4.9 学习该函数的使用。

　　【例4.9】"按名称捆绑"函数。

　　本例给出了"按名称捆绑"函数的使用示例，其程序框图和前面板如图 4.21 所示。从程序框图中可见，一个簇常量连至"按名称捆绑"函数，该函数会自动辨识出输入簇中有标签的元素；将新元素连至"按名称捆绑"函数的输入端口上，替换生成的新簇会通过输出簇控件在前面板显示出来。运行此 VI 可以看出，新元素(abc 和 True)已经替换了原簇常量中的相应元素(ABC 和 False)。

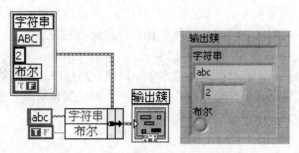

图 4.21　"按名称捆绑"函数应用示例

"按名称解除捆绑"函数的功能是将输入簇中的元素按标签解除捆绑。在该函数的输出端，只能获得带有标签的簇元素。下面将通过例 4.10 学习该函数的使用。

【例 4.10】　"按名称解除捆绑"函数。

本例给出了"按名称解除捆绑"函数的使用示例，其程序框图和前面板如图 4.22 所示。在它的程序框图上，是将一个簇常量连至"按名称解除捆绑"函数，该函数会自动辨识出输入簇中带有标签的元素，然后，再将解包出的元素连至相对应的显示控件上。

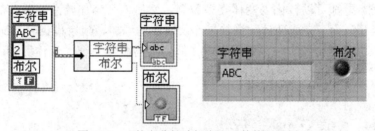

图 4.22　"按名称解除捆绑"函数使用示例

与"按名称捆绑"函数一样，"按名称解除捆绑"函数初建时也只有一个输出端子。单击其标签域，可弹出带有标签的簇元素列表；为看到这些带有不同标签的簇元素，必须对其分别建立相应的显示控件。

4.3　波　　形

波形是一种非常实用的数据类型，利用 LabVIEW 实现数据采集及信号处理时，会经常用到波形这种数据类型。

4.3.1　波形数据的组成

1. 变体

LabVIEW 提供了变体数据作为"通用"数据类型，是多种数据类型的容器。将其他数据转换为变体时，变体将存储数据和数据的原始类型，保证日后可将变体数据反向转换。例如，将字符串数据转换为变体，变体将存储字符串的文本，并说明该数据是从字符串转换而来的信息。

另外，变体数据类型还可以存储数据属性。属性定义的是数据及变体数据类型所存储的数据信息。例如，需要知道某个数据的创建时间，可将该数据存储为变体数据并添加一个时间属性，用于存储时间字符串。属性数据可以是任意的数据类型，也可以从变体数据中删除或获取属性。

变体数据类型主要应用在 ActiveX 技术中，以便不同程序之间的数据交互。

变体数据类型在前面板位于"控件"→"新式"→"变体与类"子选板以及"经典"→"经典数组、矩阵与簇"子选板中，如图 4.23 所示。

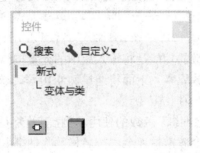

图 4.23　"控件"选板中的"变体"子选板

任何数据类型都可以转化为变体类型数据，然后为其添加属性，并在需要时转换为原来的数据类型。为了完成变体数据的操作及属性的添加、删除和获取，LabVIEW 提供了变体函数，位于"函数"→"编程"→"簇、类与变体"→"变体"子选板中，如图 4.24 所示。

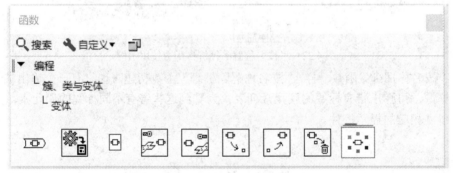

图 4.24　"函数"选板中的"变体"函数

表 4.3 列出了变体函数的功能说明。

表 4.3　"变体"函数的功能说明

图标	函数名称	说　明
	转换为变体	转换任意 LabVIEW 数据为变体数据，也可用于将 ActiveX 数据转换为变体数据
	变体至数据转换	转换变体数据为 LabVIEW 可显示或处理的数据类型，也将变体数据转换为 ActiveX 数据
	变体常量	变体常量用于传递空变体至程序框图，不能设置变体常量的值
	平化字符串至变体转换	将平化数据转换为变体数据

续表

图标	函数名称	说　明
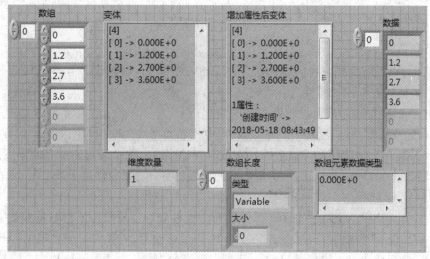	变体至平化字符串转换	转换变体数据为平化的字符串以及代表数据类型的整数数组。ActiveX 变本数据无法平化
	设置变体属性	用于创建或改变变体数据的属性或值
	获取变体属性	依据是否连接名称参数，从单个属性的所有属性或值中获取名称和值
	删除变体属性	删除变体数据中的属性和值
	数据类型解析	子菜单内 VI 和函数用于获取和比较变体或其他数据类型中保存的数据类型

　　为了进一步理解变体数据类型及函数，图 4.25 为一个变体的应用示例。在该示例中，首先将一个数组转化为数组变体，然后为其添加一个"创建时间"属性，并获取数组信息，最后再将变体转换为数据类型——数组。

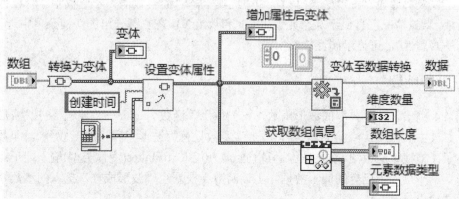

图 4.25　变体应用示例

2. 时间标识

时间标识又称时间戳，是 LabVIEW 中记录时间的专用数据类型。找到时间标识常量的路径是："函数"选板→"编程"→"定时"→"时间标识常量"。而找到时间标识的输入控件和显示控件的路径为："控件"选板→"新式"→"数值"子选板。时间标识路径、常量及控件如图 4.26 所示。

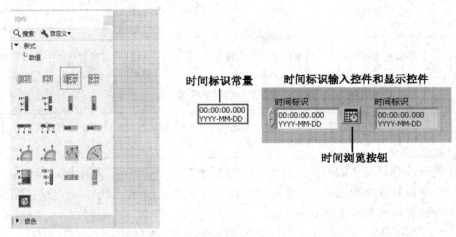

图 4.26　时间标识常量及控件

3. 波形数据

波形，可以理解为是一种特殊的簇。在 LabVIEW 中，波形含有 4 个组成部分，分别是 t0、dt、"数组 Y"和"属性"。

(1) t0 为时间标识，表示波形数据的时间起点；

(2) dt 为双精度浮点类型，表示波形数据中相邻数据点之间的时间间隔，以秒为单位；

(3) "数组 Y"是双精度浮点数组，它按时间顺序给出整个波形的所有数据点；

(4) "属性"是变体类型，用于携带任意的属性信息。波形控件位于"控件"选板→"新式"→"I/O"子选板上。

LabVIEW 利用"波形"控件和"数字波形"控件分别存放模拟波形数据和数字波形数据，两种控件位于"控件"→"新式"→"I/O"子选板上、"控件"→"银色"→"I/O"子选板上以及"经典"→"经典 I/O"和"经典"→"经典数值"子选板中。将控件放置在前面板，默认情况下只显示 3 个元素(t0、dt 和数组 Y)，在右键弹出的快捷菜单中选择"显示项"→"属性"，可显示属性栏。

4.3.2　波形函数

表 4.4 列出了几种典型的波形函数，它们位于"函数"选板→"编程"→"波形"子选板上。其中，在默认情况下，"创建波形"函数只有"波形"和"波形成分"，即数组 Y输入端子；拖拽该函数图标的边框，可增加 dt、t0 和 Attributes(变体类型)输入端子；如果"波形"端子接入了已有的波形数据，则该函数会根据经"波形成分"接入的参数修改波形数据并输出。

"获取波形成分"函数的功能是将波形数据解包。默认情况下，该函数图标只有数组

Y 输出端子；拖曳该函数图标的边框，可增加 dt、t0 和属性(变体类型)的输出端子；也可以单击输出端子，在弹出的菜单中选择希望从该输出端子输出波形的哪个成分(数组 Y、dt 或者 t0 等)。

表 4.4　波形函数

序号	名称	图标和连接端口	功能说明
1	创建波形	创建波形 [Build Waveform] 波形 ——— 波形成分 ——— ——— 波形	创建波形或修改已有波形
2	获取波形成分	获取波形成分 [Get Waveform Components] 波形 ——— t0 ——— 波形成分 ——— 波形成分	将波形数据解包
3	设置波形属性	设置波形属性 [Set Waveform Attribute] 波形 ——— ——— 波形输出 名称 ——— ——— 替换 值 ——— ——— 错误输出 错误输入（无错误）	为输入的波形数据添加"名称"和"值"的属性
4	获取波形属性	获取波形属性 [Get Waveform Attribute] 波形 ——— ——— 波形副本 名称 ——— ——— 名称 默认值（空变体）——— ——— 值 错误输入（无错误）——— ——— 错误输出	获取波形中名为"名称"的属性

下面通过例 4.11～例 4.14，学习"创建波形"和"获取波形成分"两个波形函数的使用。

【例 4.11】　生成一段随机信号，并将其波形在前面板上显示出来。

本例 VI 的程序框图和前面板分别如图 4.27 和图 4.28 所示，它的功能是先利用 For 循环生成一个一维数组，该数组元素为随机数，数组长度为 100。随后，将该数组赋给"创建波形"函数的 Y 数组的输入端子，并为"创建波形"函数的 dt 输入端子赋一个常量 1，表示数组中两两相邻元素之间的时间间隔为 1 s。最后，将生成的波形提供给波形图控件和波形显示控件。利用波形图控件，可以直观地看到所生成的这段随机信号随时间变化的情况；利用波形显示控件，则可以看到所产生的随机信号波形的具体信息。

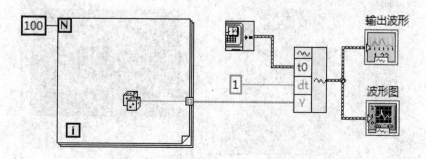

图 4.27　例 4.11 的 VI 程序框图

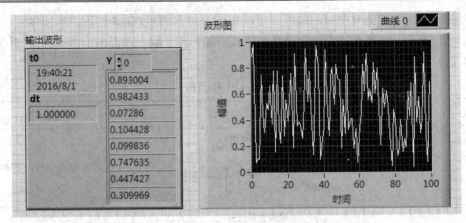

图 4.28　例 4.11 的 VI 前面板

【例 4.12】　生成一段正弦波形，要求其频率为 50Hz，幅值为 2，初相位为 60°。

这个例子的 VI 的程序框图如图 4.29 所示，其前面板见图 4.30。对该 VI 需要说明的有：
① 它调用了"正弦"函数，此函数经"函数"选板→"数学"→"初等与特殊函数"，在"三角函数"子选板上可以找到；② 幅值输入控件中的数值是单个值，将其乘以 For 循环生成的数值，即幅值输入控件中的数值将依次与数组中的每个元素相乘；③ 正弦波形的周期为其频率的倒数，波形中任意两个相邻数据点之间的时间间隔 dt 等于周期除以"点数/周期"。很容易理解，如果将 For 循环中的"正弦"函数换成其他函数，那该 VI 就可以产生其他函数的波形。

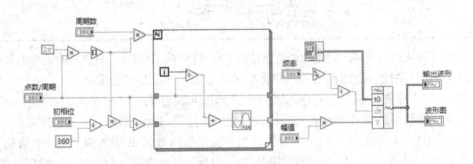

图 4.29　例 4.12 VI 的程序框图

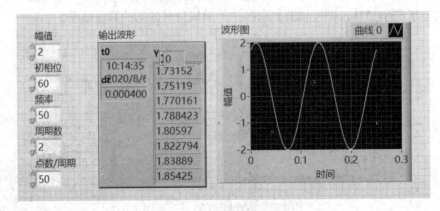

图 4.30　例 4.12 VI 的前面板

在例 4.12 中，是通过调用一个 For 循环和一个"正弦"函数，再通过一些运算，得到的一段正弦波形。由于在构建测量或测试系统时经常需要生成仿真信号，所以 LabVIEW 中提供了一系列典型的函数，利用它们可以直接生成相应函数的波形。这些函数经"函数"选板→"信号处理"→"波形生成"子选板可以找到，如图 4.31 所示。

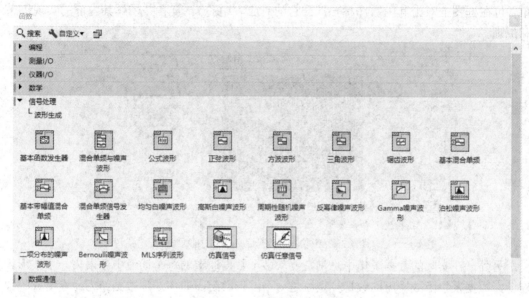

图 4.31　"波形生成"子选板

【例 4.13】　生成一段正弦波形，并获得它的波形成分。

本例的 VI 的程序框图如图 4.32 所示。可见，其中调用"正弦波形"函数产生一段正弦波，然后再利用"获取波形成分"函数将该正弦波形的各个成分提取出来，波形成分分别是 dt 和数组 Y。

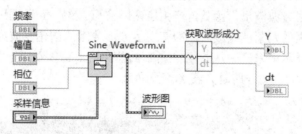

图 4.32　获取波形成分示例 VI 的程序框图

要产生正弦波形，需要设置 4 个参数：频率、幅值、相位和采样信息。其中，前 3 个参数很容易理解，下面重点介绍采样信息。

采样信息是一个簇类型的数据，它包含了两个元素，分别是采样率和样本数。在生成仿真信号时，采样率是指 1 s 时间内生成多少个数据；而样本数是指一共生成多少个数据；这两个数据配合起来，就是生成数据的时间长度，即"样本数/采样率"秒。在图 4.33 所示的该 VI 的前面板上可以看到，设置的采样率是 1000，样本数是 1000，如此，就会生成 1 s 的数据。请注意，由于现在只是在计算机中生成了一段仿真信号，所以，虽然波形图的横轴显示的是时间，但却没有实际意义。运行此 VI 后会发现，1 s 的数据瞬间就生成了。

只有当把这段仿真信号输出到计算机外，比如用示波器去观察这段信号时，才会感受到信号波形的时间长度，这时，时间长短就有意义了。

除上述外，在"波形"子选板上，还提供有很多波形函数，且还有不少用于实现波形测量和波形发生的子 VI，学习者可以在使用时自己选择。其中，一些波形函数较为简单，可在框图上双击其函数图标，打开它的对应 VI 窗口，查看并了解其内部的实现细节和原理。

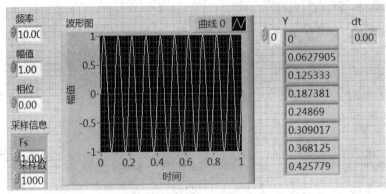

图 4.33　获取波形成分示例 VI 的前面板

另外，在实际的数据采集中，常常要从多个数据通道的每个通道中各采集一个波形。对此，数据采集函数输出的数据类型就是一个波形数组，即由波形数据作为元素组成的数组。对于波形数组，可以先使用数组函数，从该波形数组中提取出相关波形，然后再利用"获取波形成分"函数对各个波形分别进行处理。下面通过例 4.14 学习波形数组的生成与处理。

【例 4.14】 生成两路波形，一路是正弦波，另一路是方波，并提取出各自的波形成分。

本例的 VI 的前面板和程序框图分别如图 4.34 和图 4.35 所示。可见，该 VI 分别调用了"正弦波形"和"方波波形"函数，产生了两路波形。该 VI 还调用了"创建数组"函数，这样生成的数组的元素就是波形，即实现了波形数组的创建。波形数组中存放的波形数据由波形图控件显示出来——从图 4.34 所示的前面板上可以看出，生成了两路波形，一路是正弦波(白色曲线)，另一路是方波(红色曲线)。

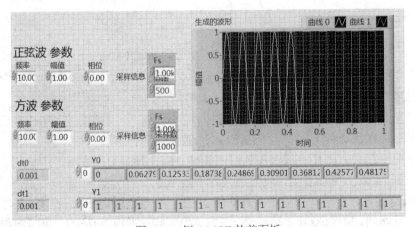

图 4.34　例 4.14 VI 的前面板

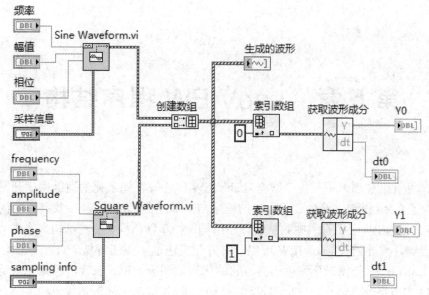

图 4.35　例 4.14 VI 的程序框图

那么，如何获取这两路波形各自的波形成分呢？首先，应调用"索引数组"函数，输入索引号 0，则将波形数组中的第 0 个元素正弦波形提取出来，接下就可以再调用"获取波形成分"函数，以提取出正弦波形的数组 Y 和 dt。方波信号同理，只是索引号改为 1。

习　　题

1. 构建一个 VI，将有 10 个随机数的一个数组元素的排列顺序颠倒过来，之后再将数组的后 5 个元素按顺序移到数组的前端，形成一个新的数组。

2. 创建一个簇控件，其元素分别为字符串型控件"姓名"，数值型控件"学号"，布尔型控件"是否注册"；从该簇控件中提取出元素"是否注册"，显示在前面板上。

3. 生成一个数组，要求该数组中的元素个数为 10，每个元素均为偶数，元素值大于等于 0 且小于等于 20，并在前面板上显示出所生成的数组。

4. 生成一段三角波，并将其波形在前面板上显示出来。要求其幅值、频率和采样信息等参数均可以调节。改变采样信息中的采样率和样本数，观察其波形的相应变化。

5. 生成三路波形，分别是正弦波、方波和锯齿波，将它们显示在同一个波形图中。要求正弦波的频率为 10 Hz，幅值为 2，总时间长度为 1 s；方波的频率为 20 Hz，幅值为 3，总时间长度为 2 s；锯齿波的频率为 40 Hz，幅值为 5，总时间长度为 2 s。提示：注意采样信息中具体的采样率和样本数的设置。

6. 生成一段正弦波，要求其幅值、频率、相位等参数均可调。提取出该正弦波形中的 Y 数组和 dt 成分，并求出 Y 数组中元素的最大值以及个数，并将结果在前面板上显示出来。

第 5 章　LabVIEW 程序结构

任何计算机语言都离不开程序结构，LabVIEW 作为一种图形化的高级程序开发语言也不例外。除了 Goto 语句，所有 C 语言中的程序结构都能在 LabVIEW 中找到对应的实现方法。此外，LabVIEW 中还有一些独特的程序结构，如事件结构、使能结构、公式节点和数学脚本节点等，因此通过 LabVIEW 可以非常方便快速地实现任何复杂的程序结构。

由于 LabVIEW 是图形化编程语言，它的代码以图形的形式表现，因此无论是循环结构、Case 结构还是公式节点，它们都表现为一个方框包围起来的图形代码。这个方框就类似于 C 语言中的花括号"{}"。

5.1　循　环　结　构

5.1.1　While 循环

While 循环用于循环执行某段程序，可使循环在满足某种条件时退出或继续运行。它是 LabVIEW 中最常使用的一种程序结构。它位于程序框图"函数"选板→"结构"中，如图 5.1 所示。

图 5.1　"结构"子选板和 While 循环模块

　　单击选板中对应的"While 循环"图标,将光标移动到程序框图界面合适的位置,按下鼠标左键向任意方向拖动至合适的大小后,放开鼠标左键,程序框图界面中可出现相应的 While 循环结构。可以在放置 While 循环结构之后向其中添加程序代码,也可以在拖曳生成 While 循环结构时直接用虚线框住已有的程序代码。

　　有关 While 循环结构的组成说明如图 5.2 所示。其中右下角是"循环条件"端子,用于在每次循环后判断循环是否继续执行。循环是否继续的条件有两种,即"真时停止"(默认的条件)和"真时继续",具体采用哪种方式,可在条件端子上弹出的快捷菜单里指定;也可以使用操作工具在端子上单击,以切换两种不同的条件。对应不同的循环条件,该端子的图标也不同。左下角标有字母 i 的小矩形框是"循环计数"端子,用于输出正经执行循环的次数,它可在每次循环中提供当前循环次数的计数值;i 的初始值为 0。在 While 循环结构矩形区域中,除上述两个端子之外的其他空白区域,都可以放置程序代码。

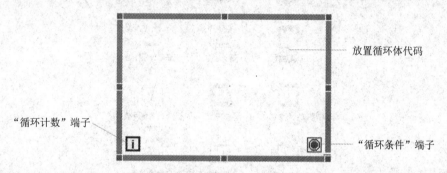

图 5.2　While 循环结构说明

　　While 循环的执行流程为:首先"循环计数"端子输出数值,循环内部的子框图开始执行。子框图的所有代码都执行完后,循环计数器的值加 1,根据流入"循环条件"端子的布尔类型数据判断是否继续执行循环。条件为"真时停止"时,如果流入的布尔数据为真值,则停止循环,否则继续循环;条件为"真时继续"时,情况相反。While 循环中的代码至少执行一次。

　　While 循环被放置在框图上之后,仍然可以改变其尺寸大小。

　　在很多情况下我们没有必要让 While 循环以最大的速度运行,所以最好给 While 循环加上时间间隔。有两种方法:一种是在每个循环中添加一个等待时间,只有在等待完毕后才运行下一个循环,如图 5.3(a)所示;另一种方法是使用定时循环(Timed Loop),如图 5.3(b)所示。

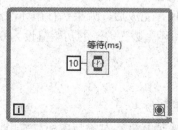

(a) while 循环添加等待时间

(b) while 循环添加定时循环

图 5.3　While 循环添加等待时间

5.1.2　For 循环

　　For 循环用于将某段程序循环执行指定的次数。可以通过两种方法指定循环次数，一种是直接给定，另一种是通过输入数组的大小给定。For 循环模块位于程序框图"函数"选板→"结构"中，如图 5.4 所示。

图 5.4　"结构"子选板和 For 循环模块

　　当单击选板中对应的"For 循环"图标后，将光标移动到程序框图界面合适的位置，按下鼠标左键向任意方向拖动至合适的大小后，释放鼠标左键，即可出现相应的 For 循环结构，其中 N 表示循环总数，i 表示当前进行到的循环次数。

　　For 循环的执行流程为：在开始执行 For 循环之前，从"循环总数"端子读入循环需要执行的次数(注意，即使以后连入"循环总数"端子的值发生改变，循环次数仍然为循环执行前读入的数值)。然后"循环计数"端子输出当前值，即当前已经执行的循环次数。接下来执行 For 循环内部的子框图代码。子框图代码执行完成后，如果执行循环次数没有达到预设次数，则继续循环；否则退出循环。如果"循环总数"端子的初始值设为 0，则 For 循环内的程序一次都不执行。

5.1.3　循环结构内外的数据交换与自动索引

　　循环结构可以与外界代码交换数据，方法是直接把其外部对象与内部对象用连线连接起来。这时，连线在循环结构边框上将出现一个称为隧道的小方格。隧道小方格的颜色取决于流过其中数据的类型。如图 5.5 所示，数值输入控件输入的数值通过 While 循环边框

上的隧道传入循环中，在每次循环时，都把这个数值与一个随机数相加，其结果被送到
While 循环的显示控件中。

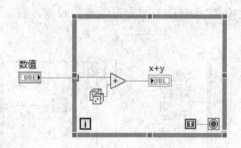

图 5.5 While 循环边框上的数据隧道

循环的所有输入数据都是在循环之前读取完毕的，即循环开始之后，就不再读取输入。
输出数据只有在循环完，全退出后才输出。例如，图 5.5 中"数值"输入数据只在循环运
行读入一次，在执行循环时，即使该控件中的值发生改变也不影响程序运行结果，每一次
与随机数函数相加的都是最初读入的那个值。所以，如果想在每一次循环中都检查某个端
子数据，就必须把这个端子放在循环内部，即作为子框图的一部分。

在图 5.6 中，左图里"停止"按钮位于循环内部，并以此作为循环结束的条件。于是，
在每一次循环中都可以从该按钮端子读到最新值，从而可以正确判断按钮是否被按下。而
在右图中，"停止"按钮位于循环外部，通过底边框上的输入隧道与循环条件端子连接在一
起。这种情况下，对"停止"按钮的值将仅在循环开始前读取一次，然后就把这个值用于
每一次循环。

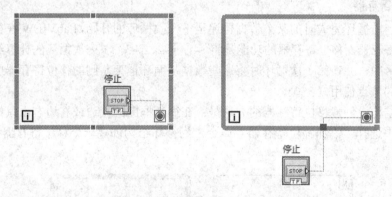

图 5.6 "停止"位置对循环执行的影响

While 循环和 For 循环均具有一种特殊的自动索引功能。当把一个数组连接到循环结
构的边框上生成隧道后，可以选择是否打开自动索引功能。如果自动索引功能被打开，则
数组将在每次循环中按顺序流过一个值，该值在原数组中的索引与当次循环的端子值相同。
也就是说，数组在循环内部将会降低一维，如二维数组变为一维数组，一维数组变为标量
元素等。对于 For 循环，自动索引功能是默认打开的，而对于 While 循环，该功能是默认
关闭的。

图 5.7(a)中给出了 For 循环结构自动索引功能打开和关闭的两种实例。左图中 For 循环
结构自动索引功能打开，循环次数为 5，这时隧道小方格的标志为"⊟"，表明将在这个隧

道上生成数组；而关闭索引功能的隧道小方格标志为"–▊"，说明输出的这个数组的最后一个值。图 5.7 中，两个循环的输入数据相同，都是整型常量数。在打开索引通道的时候，输出是这个循环的所有值{0,1,2,3,4}；关闭索引通道的时候，输出的是最后一个值 4，如图 5.7(b)所示。

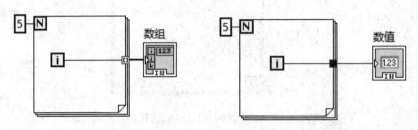

(a) For 循环自动索引打开和关闭两种情况下的背景框图

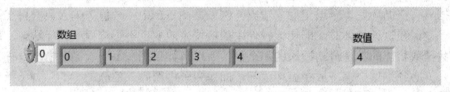

(b) For 循环自动索引打开和关闭两种情况下的前面板

图 5.7 For 循环自动索引打开和关闭两种情况下的背景框图与前面板

5.1.4 移位寄存器和反馈节点

1. 移位寄存器

为了将当前循环完成时的某个数据传递至下一次循环的开始，LabVIEW 在循环结构中引入了移位寄存器。移位寄存器的功能是将 i-1、i-2、i-3、……次循环的计算结果保存在循环的缓冲区中，并在第 i 次循环时将这些数据从循环框架左侧的移位寄存器中送出，供循环框架内的节点使用。

在循环结构中创建移位寄存器的方法是：在循环框图的左边或右边右击鼠标，从弹出的快捷菜单中选择"添加移位寄存器"命令，为循环结构创建一个移位寄存器，如图 5.8 所示。

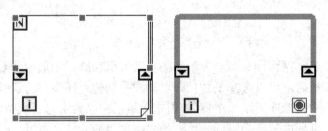

图 5.8 循环结构移位寄存器

新添加的移位寄存器由左、右两个端子组成，左、右两个端子分别有一个向下和向上的箭头，颜色都为黑色，这表明移位寄存器没有接入任何数据。当输入数据时，移位寄存器的颜色与输入数据类型的颜色相同，以反映输入数据的类型。

移位寄存器的执行过程：每次循环结束时，移位寄存器的右端子保存传入其中的数据，并在下一次循环开始前传给左端子，这样就可以从左端子得到前一次循环结束的输出值，该值可用于下一次的循环。

可以为移位寄存器的左端子指定初始值，其初始化值将在循环开始前读入一次，循环执行后就不再读取该初始值。一般情况下，为了避免错误，建议为移位寄存器左端子明确提供一个初始值。移位寄存器的值也可以通过右端子输出到循环结构外，输出发生在循环结束后，因此，输出的值是移位寄存器右端子的最终值。

一个移位寄存器可以有多个左端子，但只能有一个右端子。鼠标右击移位寄存器，从弹出的快捷菜单中选择"添加元素"命令，就可以添加一个元素；或用鼠标将左端子向下拖动，也可以添加多个元素，如图 5.9 所示。在快捷菜单中选择"删除元素"命令，即可删除一个左端子；选择"删除全部"命令，则将整个移位寄存器删除。

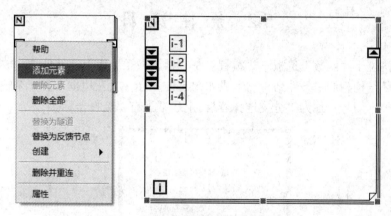

图 5.9　添加移位寄存器左端子元素

2. 反馈节点

反馈节点和只有一个左端子的移位寄存器的功能完全相同，同样用于在两次循环之间传递数据，它是一种更简洁的表达方式。

在图 5.10 给出的例子中，左、右两者的程序功能完全相同，都是在数字显示控件 x+1 中每间隔 100 ms 输出一个不断累加的正整数值。可以看到，反馈节点也可以有自己的初始化端子，即右边 While 循环的左边框上的边框在程序框图中应显示为蓝色(表明接入了整型数据)且中间带有菱形的端子。反馈节点的箭头方向是向左还是向右无关紧要。数据在本次循环结束前从反馈节点的箭尾端进入，在下一次循环开始后从反馈节点的箭头流出。

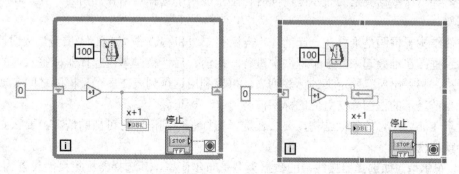

图 5.10　移位寄存器和反馈节点

移位寄存器和反馈节点之间的转换非常容易。在移位寄存器的左或右端子上右击鼠标,从弹出的快捷菜单中选择"替换为反馈节点"命令,即可转变为同样功能的反馈节点;在反馈节点本身或者其初始化端子上右击鼠标,从弹出的快捷菜单中选择"替换为移位寄存器"命令,即可转变为同样功能的移位寄存器。

反馈节点一般不需要手动添加。在循环结构里,当把子 VI、函数或者子 VI、函数组合的输出接入同一子 VI、函数或组合的输入时,将自动建立反馈节点和初始化端子。

如果从没有初始化的移位寄存器转化生成反馈节点,或者从函数选板上添加反馈节点,则新生成的反馈节点没有初始化端子。可以在反馈节点上右击鼠标,从弹出的快捷菜单中选择"初始化接线端"命令,来为其添加初始化端子。

5.2　条　件　结　构

条件结构位于"函数"选板→"编程"→"结构"子选板上。条件结构放置在框图上的方法与循环结构相同。条件结构的组成如图 5.11 所示。其左边框上有一个输入端子,该端子中心有一个问号,称为"分支选择器",上边框上有"选择器标签"。

图 5.11　条件结构的组成

条件结构有一个或者多个子框图,每个子框图都是一个执行分支,每一个执行分支都有自己的选择器标签。执行条件结构时,与接入分支选择器数据相匹配的标签对应的框图得到执行。分支选择器端子的值可以是布尔型、字符串型、整型或者枚举类型,其颜色会随连接的数据类型而改变,同时根据分支选择接入的数据类型不同,选择器标签的设置也有差异,其默认数据类型为布尔型,同时自动生成两个选择器标签分别为"真"和"假"的子框架。

条件结构子框图是堆叠在一起的,单击标签左边和右边的"减量""增量"按钮,将使当前显示框图在堆叠起来的多个框图中进行一次前、后切换。单击选择器标签右端的向下黑色箭头,将弹出所有已定义的标签列表,可以利用这个列表在多个子框图之间实现快速跳转。当前显示的框图分支对应的标签前有"√"标记。

对于 LabVIEW 的条件结构,要么在选择器标签中列出所有可能的情况,要么必须给出一种默认情况。

(1) 布尔型。如选择器接线端的数据类型是布尔值型,其选择器标签只能设置为"真"和"假",该结构只包含"真"和"假"分支。

　　(2) 整型。如果分支选择器接线的是整型数值，条件结构可以包含任意个分支。对于每个分支，可使用标签工具在条件结构上部的选择器标签中输入值、值列表或值范围。如使用列表，数值之间用逗号隔开。如使用数值范围，指定一个类似"10..20"的范围可用于表示 10～20 的所有数字(包括 10 和 20)。也可以使用开集范围，例如"..100"表示所有小于或等于 100 的数，"100.."表示所有大于或等于 100 的数。

　　(3) 字符串型。如果分支选择器接线的是字符串，则条件结构同样可以包含任意个分支。对于每个分支，使用标签工具在条件结构上部的条件选择器标签中输入值、值列表或值范围。用字符型选项值表示范围时，不包含最后一个字符。例如，"a.. h"不包括 h 开头的字符选项值，"..a"和"a.."表示开集范围，".. a"表示以小于 a(ASCI1 码小于 97)开头的字符选项值；"a"仅表示单个字符 a，如要表示以 a 开头的字符选项值，须定义标签为"a..b"。

　　需要注意的是，默认情况下，连接至选择器接线端的字符串区分大小写。如要让选择器不区分大小写，将字符串连接至选择器接线端后，在条件结构的快捷菜单中选择"不区分大小写匹配"选项即可，所有小写字母转换为大写后再进行范围比较。如果分支接线端是字符串，则在选择器标签中输入的值将自动加上双引号。

　　(4) 枚举型。对于分支选择器接线端接入枚举型数据，条件结构能自动将枚举选项识别为分支标签的值，若枚举选项列表中的某些选项值没有与其对应的分支子框图，可在条件结构的右键快捷菜单中选择"为每个值添加分支"选项，LabVIEW 根据枚举选项的数量自动添加相应的分支子框图。和接入字符串类型一样，接入组合框数据时，选择器标签的值将自动加上双引号。

　　分支程序子框图用来放置不同分支对应的程序，LabVIEW 中条件结构的分支程序与 C 语言的 switch 语句的不同之处是：C 语言 switch 语句的 default 分支是可选项，在没有 default 分支时，如果没有任何和 case 后面的表达式匹配的条件，则任何 case 后面的程序都不会执行；而 LabVIEW 中的条件结构必须指定一种默认情况或者列出所有可能的情况。设置默认分支的方法是，在该分支程序的标签上右击，在弹出的快捷菜单中选择"本分支设置为默认分支"即可。

　　条件结构内部与外部之间的数据也是通过隧道来交换传递的。向条件结构输入数据时，各个子框图程序可以不连接这个数据隧道。从条件结构向外输出数据时，各个子框图程序都必须为这个隧道连接数据，否则隧道图标是空的，工具栏"运行"按钮也是断开的。当各个子程序框图都为这个隧道连接好数据以后，隧道图标才成为实心的，程序才可以运行，如图 5.12 所示。如果允许没有连线的子框图程序输出默认值，可以在数据隧道的快捷菜单中选择"未连线时使用默认"命令，在这种情况下，程序执行到没有为输出隧道连线的子程序时，就输出相应数据类型的默认值，如图 5.13 所示。

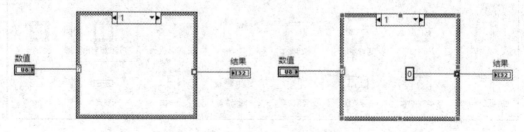

图 5.12　条件结构的输出隧道连接数据

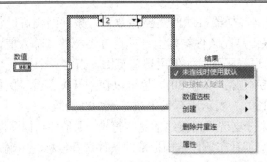

图 5.13　输出隧道的默认处理

在 LabVIEW 中，可将条件结构上的输入隧道转换为分支选择器。右击隧道，从快捷菜单中选择"替换为分支选择器"，LabVIEW 将把该隧道转换为分支选择器。此时，新分支选择器的数据将改变选择器标签的值(不改变原分支程序)，原分支选择器转换为输入隧道，如图 5.14 所示。

图 5.14　隧道转换为分支选择器示例

5.3　顺　序　结　构

LabVIEW 作为一种图形化的编程语言，有其独特的程序执行顺序——数据流执行方式，数据流经节点的动作决定了程序框图上 VI 和函数的执行顺序。虽然数据流编程方式给用户带来了许多方便，但在某些复杂的情况下，这种方式也有不足之处。例如，如果有多个节点同时满足节点执行条件，那么这些节点会同时执行，而在实际中希望这些节点按一定的次序执行，这就需要引入顺序结构。顺序结构的功能是强制程序按一定的顺序执行。

LabVIEW 提供了两种顺序结构：平铺式顺序结构和层叠式顺序结构。这两种结构的功能相同，只是外观和用法略有差别。其中，平铺式顺序结构位于"函数"→"编程"→"结构"子选板中，如图 5.15 所示。顺序结构包含一个或多个按顺序执行的子程序框图(即帧)。

图 5.15　平铺式顺序结构

1. 平铺式顺序结构

新建的平铺式顺序结构只有一帧，为单框顺序结构，它只执行一步操作，可以通过鼠标右键快捷菜单添加或者删除帧。通过拖动帧四周的方向箭头可以改变其大小，如图 5.16 所示。

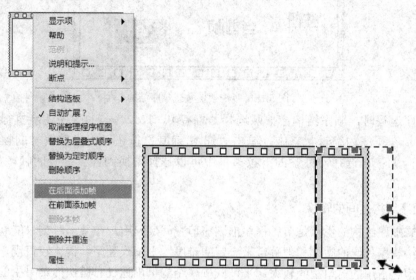

图 5.16　改变帧的大小

平铺式顺序结构将所有的帧按照 0、1、2、…的顺序自左至右平铺，并按从左至右的顺序执行，能够确保子程序框图按一定顺序执行。平铺式顺序结构的数据流不同于其他结构的数据流，当所有连线至帧的数据都可用时，平铺式顺序结构的帧按从左至右的顺序执行。每帧执行完毕后会将数据通过连线直接穿过帧壁(隧道)传递至下一帧，即帧的输入可能取决于另一帧的输出。如图 5.17 所示，程序运算结果依次为 A+B、(A+B)/2 和(A+B)*2。

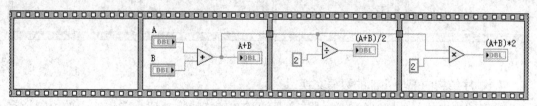

图 5.17　平铺式顺序结构数据通道

2. 层叠式顺序结构

层叠式顺序结构与平铺式顺序结构一样，能够确保子程序框图按一定顺序执行。但层叠式顺序结构没出现在选板上。如果要创建层叠式顺序结构，则需要先在程序框图上创建平铺式顺序结构，然后右击该结构并选择"替换为层叠式顺序"菜单项。

在大多数情况下，需要按照顺序执行多步，因此需要在单框架的基础上创建多框架顺序结构。当层叠式顺序结构的帧超过两个时，所有帧的程序框图会堆叠在一起，如图 5.18 所示，它由顺序框架、选择器标签和"递增／递减"按钮组成。在层叠式顺序结构上右击结构边框，可选择"在后面添加帧""在前面添加帧""复制帧"及"删除本帧"，以实现在当前帧上添加、复制或删除帧。

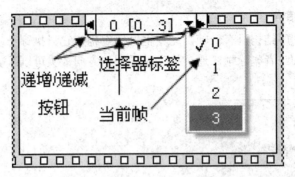

图 5.18　多框架层叠式顺序结构

当程序运行时，顺序结构会按照选择器标签 0、1、2、…的顺序逐步执行各个框图中的程序。在程序的编辑状态中，单击"递增/递减"按钮可将当前编号的帧切换到前一帧或后一帧；在选择器标签的下拉菜单中可以选择切换到任一编号的帧，如图 5.18 所示。

3. 顺序结构之间的转换

层叠式顺序结构的优点是节省程序框图窗口空间，但用户在某一时刻只能看到一帧代码，这会给程序代码的阅读和理解带来一定的难度。平铺式顺序结构比较直观，方便代码的阅读，但它占用的窗口空间较大。平铺式顺序结构可以通过右键快捷菜单中的"替换"→"替换为层叠式顺序"选项转换到层叠式顺序结构，层叠式顺序结构可以通过右键快捷菜单中的"替换"→"替换为平铺式顺序"选项转换到平铺式顺序结构。图 5.17 所示的平铺式顺序结构能替换为层叠式顺序结构，转换结果如图 5.19 所示。

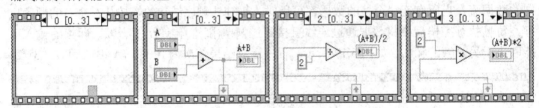

图 5.19　层叠式顺序结构的多帧图

4. 顺序结构内部与外部的数据交换

顺序结构内部与外部之间的数据传递是通过在结构边框上建立隧道实现的。隧道有输入隧道和输出隧道，输入隧道用于从外部向内部传递数据，输出隧道用于从内部向外部传递数据。在顺序执行前，输入隧道上得到输入值，在执行过程中，此值保持不变，且每帧都能读取此值。输出隧道上的值只能在整个顺序结构执行完后才会输出，如图 5.20 所示。

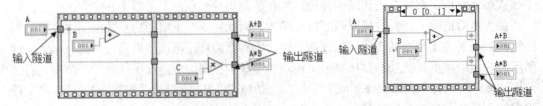

图 5.20　顺序结构内部与外部数据的交换示例

5.4　事 件 结 构

对用户操作的响应和处理是构建图形用户界面时的重要内容。事件结构的运行方式与 Windows 操作系统的事件处理非常相似。

事件结构位于"函数"选板→"编程"→"结构"子选板上。向框图添加事件结构的方法和添加其他程序结构的方法相似。新添加到框图上的事件结构如图 5.21 所示。

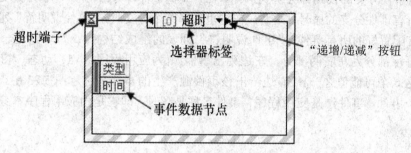

图 5.21　事件结构

事件结构包含如下几个基本的组成部分：上方边框中间是选择器标签，用于标识当前显示的子框图所处理事件的事件源；事件数据节点为子框图提供所处理事件的相关数据；事件超时端子隶属于整个事件结构，用于为超时事件提供超时时间参数。

事件数据节点由若干个事件数据端子组成，使用操作工具单击事件数据节点的某个端子将打开数据列表，可以在其中选择所要访问的数据。使用定位工具拖曳事件数据节点的上下边沿，可以增减数据端子。

事件超时端子接入的以毫秒为单位的整数值指定了超时时间，本结构在等待其他类型事件发生的时间超过超时时间后将自动触发超时事件。为超时端子接入值−1，表示不产生超时事件。

事件结构的组织方式是把多个子框图堆叠在一起，根据所发生事件的不同，每次只有一个子框图得到执行，并且该子框图执行完后，事件结构随之退出。例如在图 5.21 中，程序执行到事件结构时暂时停止运行，进入事件等待状态，直到某个已经注册的事件(这里只有一个超时事件：超时)发生时，程序继续执行事件的子框图代码，执行完毕后，事件结构退出。显然，在构建用户界面时，需要处理任意多的事件，这就导致了事件结构往往被放置在 While 循环内部，与循环结构搭配使用。

指定事件结构中事件的事件源和事件类型的过程称为注册事件。注册事件有两种方法：一种是静态事件注册；另一种是动态事件注册。

在事件结构边框上右击，弹出图 5.22 所示的快捷菜单。其中，"删除事件结构"命令用于删除事件结构，仅仅保留当

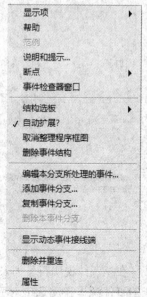

图 5.22　事件结构边框快捷菜单

前事件分支的代码,"编辑本分支所处理的事件…"命令用于编辑当前事件分支的事件源和事件类型;"添加事件分支…"命令用于在当前事件分支后面增加新的事件分支;"复制事件分支…"命令用于复制当前事件分支,并且把复制结果放置在当前分支后面;"删除本事件分支"命令用于删除当前分支;"显示动态事件接线端"命令则用于显示动态事件端子。

　　对于事件结构,无论执行编辑、添加还是复制等操作,都会打开如图 5.23 所示的"编辑事件"对话框。每个事件分支都可以配置为处理多个事件,当这些事件中的任何一个发生时,对应事件分支的代码都会得到执行。在"编辑事件"对话框中,"事件分支"下拉列表中列出所有事件分支的序号和名称,在这里选择某个分支时,"事件说明符"列表会列出为这个分支配置好的所有事件。"事件说明符"列表的组成结构为:每一行是一个配置好的事件,每行都分为左右两部分,左边列出事件源(为应用程序、VI、动态、窗格、分隔栏和控件这 6 个可能值之一),右边给出该事件源产生的事件名称。图 5.23 中,为分支 0 指定了一个事件,事件源是应用程序,事件名称是超时,即它是由应用程序本身产生的超时事件。

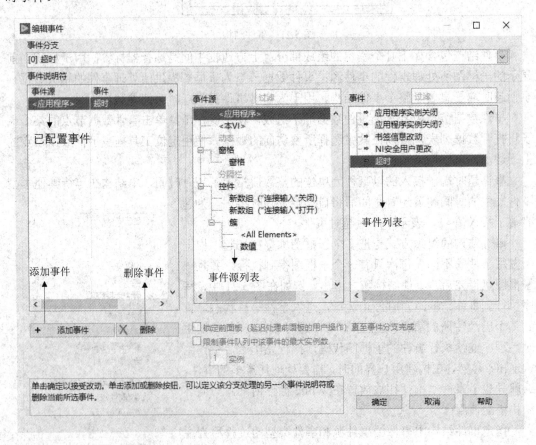

图 5.23 "编辑事件"对话框

　　在"事件说明符"列表中选中某一个已经配置好的事件之后,"事件源"列表在 6 种可能的事件源里自动选中对应的事件源,"事件"列表在选中事件源可能产生的所有事件列表中选中对应的事件。图 5.23 中在"事件说明符"列表选中了应用程序产生的超时事件后，事件源列表中自动选中事件源"应用程序"，"事件"列表中显示应用程序事件源的所有可能事件(应用程序实例关闭、应用程序实例关闭？、书签信息改动、NI 安全用户更改、超时)，其中超时事件被选中。

改变已有事件的方法是先在"事件说明符"列表中选中该事件，然后在"事件源"列表中选择新的事件源，这时"事件"列表给出该事件源可能产生的所有事件列表，在其中选择所要处理的事件，即可完成对已有事件的修改操作。

为当前事件分支添加事件的方法是单击"事件说明符"列表下侧的"添加事件"按钮，这时在"事件说明符"的事件列表最下面出现新的一行，事件源和事件名都为待定，用"-"表示。在"事件源"列表中选择合适的事件源，然后在"事件"列表给出的该事件源所能够产生的所有事件中选择所需要的事件，即可完成添加事件的操作。选中"事件说明符"列表中的某个事件，然后单击下侧的"删除"按钮，将删除这个事件。

LabVIEW 的事件分为通知事件和过滤器事件两种。在"编辑事件"对话框的"事件"列表中，通知事件左边为绿色箭头，过滤器事件左边为红色箭头。通知事件用于通知程序代码某个用户界面事件发生了，并且 LabVIEW 已经进行了最基本的处理。例如，修改一个数值控件的数值时，LabVIEW 会先进行默认的处理，即把新数值显示在数值控件中，在这之后，如果已经为这个控件注册了"值改变"事件，该事件的代码将得到执行。可以有多个事件结构都配置成响应某个控件的某个通知事件，当这个事件发生时，所有的事件结构都得到了该事件的一份备份。过滤器事件用于告诉程序代码某个事件发生了，LabVIEW 还未对其进行任何处理，这样就可以定制自己的事件处理方法，如可以修改事件数据，或者完全放弃对该数据的处理等。

【例 5.1】　在前面板放置两个确认按钮，分别取名为"按钮 1"和"按钮 2"，再放置一个停止按钮，然后放置两个数值显示控件，取名为"计数器 1"和"计数器 2"。程序实现以下功能：

(1) 单击"按钮 1"时，计数器 1 中的值增加 1。

(2) 单击"按钮 1"或"按钮 2"时，计数器 2 中的值均增加 1。

(3) 单击"停止"按钮时，程序自动退出运行。

分支 0：响应"按钮 1"控件上"鼠标按下"的通知事件，当单击"按钮 1"时，计数器 1 加 1，实现对单击操作进行计数，如图 5.24(a)所示。

分支 1：同时响应"按钮 1"和"按钮 2"控件的"值改变"通知事件，即分支 1 同时处理了两个事件，当单击这两个按钮中的任何一个以改变按钮的取值时，则计数器 2 加 1 实现计数，如图 5.24(b)所示。

分支 2：响应"停止"按钮控件的"鼠标按下？"过滤事件，该分支放置了一个双按钮对话框，并将对话框的输出取反接入事件过滤节点中的"放弃？"，如图 5.24(c)所示。

分支 3：响应"停止"按钮控件的"鼠标按下"通知事件，该分支放入了一个真常量，并将其连接至 While 循环条件接线端。当程序运行时，按下"停止"按钮，则弹出对话框，如果选择"是"，则"鼠标按下"事件得以发生，分支 3 中的程序得以执行，循环结束，VI 停止运行；通过以上描述实现的运行界面如图 5.24(e)所示。若选择"否"，则"鼠标按下"事件被屏蔽，分支 3 中的程序不运行，VI 继续执行，如图 5.24(d)所示。

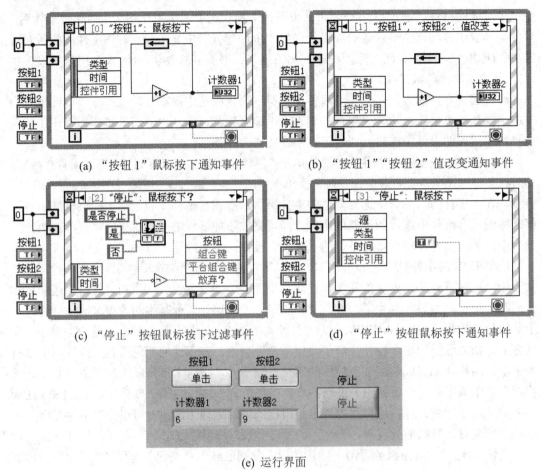

(a) "按钮 1" 鼠标按下通知事件   (b) "按钮 1" "按钮 2" 值改变通知事件

(c) "停止" 按钮鼠标按下过滤事件   (d) "停止" 按钮鼠标按下通知事件

(e) 运行界面

图 5.24　利用事件结构实现的单击计数器

5.5　公　式　节　点

公式节点是一种便于在程序框图上执行数学运算的文本节点，适用于含有多个变量或较为复杂的方程。

公式节点使用算术表达式实现算法过程，C 语言的 If 语句、While 循环和 For 循环等都可以在公式节点中使用。公式节点可以通过复制、粘贴的方式将已有的文本代码移植到公式节点中，不必通过图形化编程方式再次创建相同的代码。

1. 公式节点的建立

公式节点位于"函数"→"编程"→"结构"子选板及"函数"→"数学"→"脚本与公式"子选板中，在程序框图中放置公式节点以及公式节点边框大小的调整方法与循环结构的操作相同。公式节点中参数的输入、输出利用创建输入变量和输出变量的方法实现，通过在边框上右键快捷菜单中选择"添加输入"或"添加输出"并输入相应的变量名即可添加输入、输出变量，如图 5.25 所示。

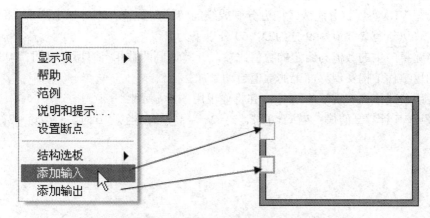

图 5.25　公式节点的输入和输出变量

　　输入变量和输出变量可以互相转换，方法为：在变量上右击，在弹出的快捷菜单中选择"转换为输出"或"转换为输入"即可。要删除变量，可在相应变量上右击，在弹出的快捷菜单中选择"删除"。一个公式节点可以包含多个变量，变量数目根据具体情况而定，但要注意的是，变量名称对大小写字母很敏感。

2. 公式节点的语法

　　每个赋值语句中，赋值运算符"＝"的左侧仅可有一个变量，且必须以分号"；"结束。注释内容可通过"／*…*／"封闭起来。在公式节点中输入公式时，必须确保使用正确的公式节点语法。

　　LabVIEW 公式节点主要有变量声明语句、赋值语句、条件语句、循环语句、Switch语句和控制语句。

　　【例 5.2】　利用公式节点完成表达式 $y_1 = 2x^2 + 3x + 1$，$y_2 = a*x + b$ 的运算，其中，x 的取值为 0～20 的整数值。VI 的前面板和程序框图如图 5.26 所示。两个等式在一个公式节点中完成，在前面板中输入 a 和 b，运行结果如图 5.26 所示。

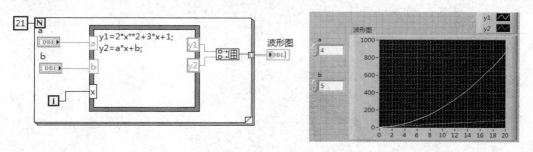

图 5.26　利用公式节点应用示例

习　　题

　　1. 用条件结构编写 VI，实现两个数的加、减、乘、除四则运算，要求用组合框作为分支选择器。

2. 编写 VI，实现百分制成绩向五分制成绩的转换。要求：90 分以上为 A，80～89 分为 B，70～79 分为 C，60～69 分为 D，60 分以下为 E。

3. 将随机产生的数值与给定的数值比较，计算达到两数相等时所需时间。

4. 利用事件结构实现界面上的数值自动累加。

5. 使用公式节点实现 $y = \cos(x)$，并将输出用图形显示。

6. 设计 VI 计算 z 的值：当 $x \geq 0$ 时，$z = 2x^3 - y^2 + 5$；当 $x < 0$ 时，$z = 2x^2 + 3y + 7$。

第 6 章 变量和属性节点

6.1 局 部 变 量

局部变量是对前面板控件数据的一个引用，可以为一个前面板控件建立任意多的局部变量。从任何一个局部变量都可以读取该控件中的数据；向其中的任何一个局部变量中写入数据，都会改变包括控件本身和其他局部变量在内的所有数据备份。局部变量用于同一个 VI 之间的数据传递。

通过使用局部变量可以在一个 VI 的多个位置实现对前面板控件的访问，也可以在无法连线的框图区域传递数据。另外，输入控件在框图上的端子作为数据源使用，不能向其中输入数据；显示控件在框图上的端子作为数据输出目标使用，不能从其中读出数据。使用局部变量则可打破这些限制，实现对输入控件的写操作和对显示控件的读操作。

创建局部变量的方法为：在"函数"选板→"编程"→"结构"子选板上选中"局部变量"，拖置到框图窗口合适位置上，此时，局部变量中间有一个问号，表明还没有关联到任何控件上，如图 6.1(a)所示。使用操作值工具单击局部变量，或者在局部变量上右击弹出的快捷菜单中选择"选择项"命令，可以看到前面板所有控件的标签列表。在列表中选择合适的标签，即可完成局部变量与标签对应的前面板控件的关联。另外一种更快捷的创建局部变量的方法是，右击面板控件或者控件的框图端子，在弹出的快捷菜单中选择"创建"→"局部变量"命令，此时不仅仅建立了局部变量，还自动完成了局部变量与控件的关联，如图 6.1(b)所示。

(a) 创建局部变量方法 1 　　　 (b) 创建局部变量方法 2

图 6.1 创建局部变量的两种方法

　　默认情况下，新创建的局部变量都是写入端子，右击局部变量，在弹出的快捷菜单中选择"转换为读取"命令，可将其变为读端子。

　　【例 6.1】　图 6.2 给出了局部变量的应用示例框图。该程序的功能是对从标签为"数值"的数值输入控件中输入的数值进行判断，如果小于 0，则弹出内容为"错误:小于 0!"的消息框，并且使用局部变量把"数值"的内容设为 0；如果不小于 0，则计算其平方根，同样把计算结果返回到"数值"输入控件中。

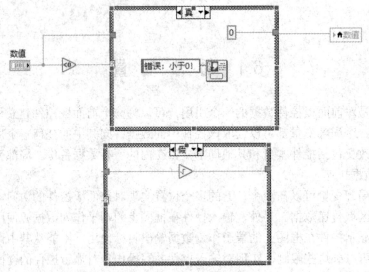

图 6.2　局部变量的应用示例

　　复制局部变量时需要特别注意，如果直接使用"编辑"→"复制"(或 Ctrl+C)和"编辑"→"粘贴"(或 Ctrl+V)命令完成复制，则会复制生成新的前面板控件和与之关联的新的局部变量。不生成新控件的复制局部变量的方法是：按住 Ctrl 键的同时，用鼠标拖曳局部变量，松开鼠标后，完成局部变量的复制。

6.2　全 局 变 量

　　使用全局变量，可以在同时运行的几个 VI 之间传递数据。全局变量在 LabVIEW 里的形式为只有前面板而没有框图的特殊 VI。全局变量的建立方法为：在 LabVIEW 启动界面的"新建"列表中选择"其他文件"→"全局变量"命令，然后单击"确定"按钮，即可打开新全局变量的窗口，如图 6.3(a)所示。选择"文件"→"保存"命令，把全局变量保存成扩展名为 vi 的磁盘文件。这样建立的全局变量文件实际上是一个全局变量的"容器"，还需要向全局变量文件添加控件，添加方法与向普通 VI 中添加控件的方法相同。全局变量中的每个控件都同时拥有读和写的权限。一个全局变量文件中可只包含一个控件，但更好的组织方式是把整个程序中用到的全局数据都放在一个全局变量文件中，并按照功能分别组织。

　　图 6.3(b)中，全局变量文件被保存为全局 1．vi，并且添加了标签分别为"全局数值"和"全局布尔"的数值和布尔类型输入控件。

(a) 创建全局变量

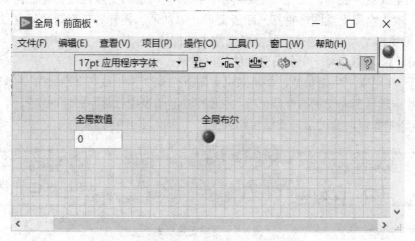

(b) 全局变量 VI 界面

图 6.3 创建全局变量

使用创建好的全局变量时，选择"函数选板"→"选择 VI..."命令打开"选择需打开的 VI"对话框，如图 6.4 所示。选择保存了的全局变量文件并打开，鼠标指针下出现了全局变量的图标，拖曳到合适位置后，单击鼠标将其放置在框图。出现在全局变量图标中的变量标签是在全局变量文件中添加的第一个控件的标签，使用操作值工具单击全局变量，会打开全局变量文件中包含的所有控件标签的列表，在其中选择适当的标签，即可完成对全局变量中具体控件的选择，如图 6.5 所示。每个全局变量只能用来访问全局变量文件中的一个控件。

图 6.4　选择需要打开的全局变量 VI

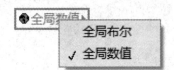

图 6.5　选择全局变量控件

在默认情况下，新建立的全局变量都是写端子，在全局变量上右击弹出的快捷菜单中选择"转换为读取"命令，将把全局变量变为读端子。

选择"函数选板"→"编程"→"结构"→"全局变量"并放置在框图上时，会建立带有问号的全局变量图标，如图 6.1(a)所示。此时，该全局变量还没有与任何全局变量文件相关联。双击全局变量图标将打开新建窗口，添加适当控件并保存新全局变量文件，回到原 VI，用操作工具可以选择关联全局变量中的控件。

【例 6.2】　图 6.6 为一个全局变量的应用举例。

第一个 VI 用来产生随机数，并将随机数写入全局变量"数值"中。第二个 VI 用来显示数据，数据来自全局变量的"数值"，并通过波形图表进行显示。同时运行两个 VI，则第一个 VI 产生数据，通过全局变量传递到第二个 VI，并显示出来。

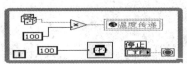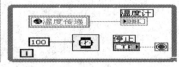

图 6.6　全局变量举例

6.3　属 性 节 点

LabVIEW 中的每一个对象(包括输入控件、显示控件、VI 和应用程序本身等)都具有属性，属性描述了对象本身的特征。例如，数值输入控件具有一个称为"可见"的布尔类型属性，如果这个属性被设置为"假"，控件在前面板上不可见；如果这个属性被设置为"真"，则数值输入控件可见。除了对这个属性进行设置外，还可以读取它的值，以确认数值输入控件是否可见。同时，数值输入控件还有名为"重新初始化为默认值"的方法，其功能是把数值输入控件的值设置为默认值。

访问输入控件和显示控件属性的操作都是通过属性节点完成的。为控件建立属性节点的方法，是在控件或者它的框图端子上右击，从弹出的快捷菜单中选择"创建"→"属性节点"命令，如图 6.7 所示。属性节点具有和输入控件相同的标签"数值"，表明了它们之间的关联关系。图中选中了"可见"(Visible)属性，该属性表明"数值"输入控件处于可见状态。使用操作值工具单击 Visible 属性端子会弹出属性列表，可在其中进行选择，以改变该端子所对应的属性。Visible 属性右侧的黑色箭头表示这个属性是读属性，在属性节点的 Visible 属性端子上右击，从弹出的快捷菜单中选择"转换为写入"命令，可把该属性端子变为写端子。

图 6.7　"数值"输入控件的属性节点

在同一个属性节点中可以建立多个属性端子，以访问同一对象的多个属性。添加新属性的方法是使用定位工具拖曳节点的下边沿，如图 6.8 所示。也可以在属性端子上右击，从弹出的快捷菜单中选择"添加元素"命令增加属性端子；选择"删除元素"命令删除属性端子。每个属性端子的读写状态可单独设置。具有多个端子的属性节点中的端子读写操作，按照从上到下的顺序执行。

在属性节点上右击会弹出快捷菜单，"链接至"子单下列出了当前 VI 中的所有输入控件和显示控件，可以在其中选择，来改变属性节点的关联目标。

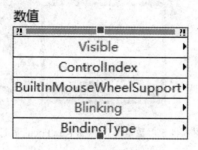

图 6.8　增加属性端子

6.4　控件通用属性

下面是多数 LabVIEW 控件都具有的 6 个通用属性。

1. 可见(Visible)属性

可见属性为布尔类型，可读也可写。作为写端子时，"真"值表示把控件设为可见，"假"值表示把控件设为不可见。图 6.9 所示是一个"数值"控件可见属性设置的例子，其中左边给 Visible 属性传入"真"值，执行属性节点后，"数值"控件可见；右边传入"假"值，执行属性节点后，"数值"控件从前面板上消失，而且也不能在前面板上再对其进行任何操作。

图 6.9　　"数值"控件的 Visible 属性

2. 禁用(Disabled)属性

禁用属性为整数类型，可读也可写。作为写端子时，0 表示控件可用；1 表示禁用，但是控件外观和可用时相同；2 表示禁用控件，同时把控件加灰。对于图 6.10 中的"数值"控件，左边代码把控件设为可用，右边代码把控件设为禁用并加灰，这时将不能对控件进行任何操作。

图 6.10　　"数值"控件的 Disabled 属性

3. 键选中(Key Focus)属性

键选中属性为布尔类型，可读也可写。作为写端子时，"真"表示使控件获得键选中，"假"表示取消控件的键选中。图 6.11 中为"数值"控件设置了键选中，可以看到"数值"控件周围出现黑色的选取框。图中添加的 While 循环是为了保持程序处于运行状态，否则程序很快执行完毕，便观察不到获得键选中后的现象。

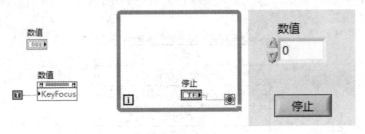

图 6.11　　"数值"控件的 Key Focus 属性

4. 闪烁(Blinking)属性

闪烁属性为布尔类型，可读也可写。作为写端子时，"真"表示使控件开始闪烁，"假"表示使控件停止闪烁。闪烁的速率和颜色分别在选择"工具"→"选项…"命令弹出对话框的"前面板"和"环境"选项卡中指定。在图 6.12 中，为 Blinking 属性指定了真值，前面板上的"数值"控件在程序运行后开始闪烁。

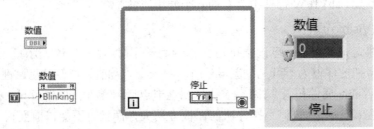

图 6.12　　"数值"控件的 Blinking 属性

5. 位置(Position)属性

选择位置属性的方法，是使用操作值工具在属性节点上单击打开属性列表，选择"位置"→"全部元素"命令。该属性是由两个整型数值组成的簇，可读也可写，单位是像素。写入该属性时，两个簇元素（"居左"和"置顶"）分别指定控件边界框的左上角在前面板窗口上的水平和垂直坐标。前面板上的坐标系统的水平坐标轴指向右，垂直坐标轴指向下。

6. 边界(Bounds)属性

选择边界属性的方法，是使用操作值工具在属性节点上单击打开属性列表，选择"边界"→"全部元素"。该属性是由两个整型数值组成的簇，只能读不能写。两个整型元素"高度"(Height)和"宽度"(Width)分别是控件边框的高度和宽度，单位都是像素。边框包围的区域包括控件本身及其所有附加元素，如标签等。与 Position 属性一样，Bounds 属性可以按照"高度"(Bounds.Height)和"宽度"(Bounds.Width)分别查询。在图 6.13 中，采用按元素分开查询的方法读取了"数值"输入控件的高度和宽度。

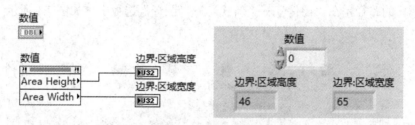

图 6.13 "数值"控件的 Bounds 属性

习 题

利用全局变量传递数据，要求：

(1) 全局变量中包含"数值"与"停止"两个控件。

(2) 第一个 VI 用来产生随机数，并将随机数写入全局变量"数值"中，同时第一个 VI 的循环受全局变量"停止"的控制。

(3) 第二个 VI 用来显示数据，数据来自全局变量的"数值"，并用波形图表显示；同时第二个VI的"停止"按钮用来控制两个 VI 循环的运行，控制第一个 VI 循环的执行需要通过全局变量"停止"来实现。

第 7 章　图形化显示

　　LabVIEW 很大的一个优势就是它提供了丰富的数据图形化显示控件,而且使用起来极其方便。它使工程师能在几分钟内搭建一个专业的图形化测试系统。通过这些丰富的图表控件,工程师能够方便地分析大量数据,从而专注于自己的工作,而不需要再为复杂的界面编程花费大量精力。

　　图形化的路径是在"控件"→"新式"→"图形"选板中,如图 7.1 所示。

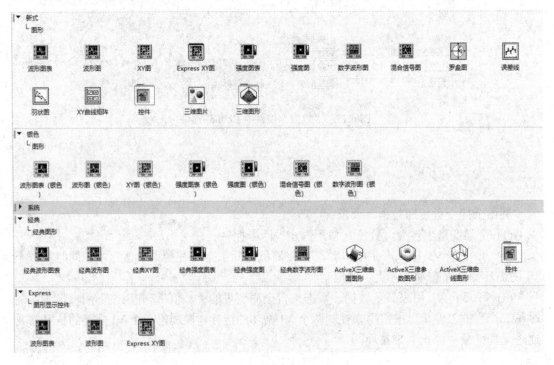

图 7.1　图形控件

　　根据数据显示和更新方式的不同,LabVIEW 的图形显示控件分为图形(也称事后记录图)和图表(也称实时趋势图)两类。图表显示是将数据源(如采集到的数据)在某一坐标系中实时、逐点地显示出来,它可以反映出被测量的数据的变化趋势,如传统的示波器可以显示一个实时变化的波形或曲线,也可以同时显示若干个数据点。图形则是对已采集数据进行事后处理,它先将被采集数据存放在数组中,然后根据需要组织成相应的图形显示出来。它的缺点是不能实时显示,但是它的表现形式非常丰富。例如,采集一个波形数据后,经过处理可以显示其频谱图。

7.1 波形图与波形图表

7.1.1 波形图

波形图用于对已采集数据进行事后显示处理，它根据实际要求将数据组织成所需的图形一次显示出来。其基本的显示模式是按等时间间隔显示数据点，而且每一时刻对应一个数据点，如图 7.2 所示。

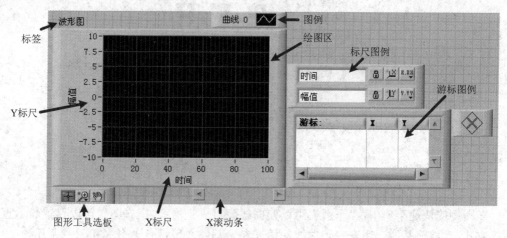

图 7.2 波形图

在前面板的波形图上右击，选中快捷菜单的"显示项"后，将弹出"显示项"子菜单，可以根据需要选择波形图的显示项，如图 7.3 所示。

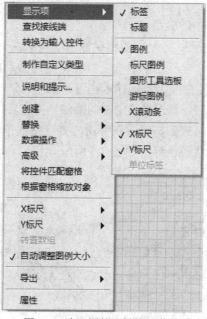

图 7.3 波形图的右键快捷菜单

下面介绍波形图上各个显示项的功能和使用方法。

1. 图例

波形图的图例可以定义图中曲线的各种参数。单击图例曲线将弹出图例快捷菜单。可以在该快捷菜单中设置曲线的类型、线条颜色、线条宽度、数据点样式等内容。如图 7.4 所示，在"常用曲线"中，可以选择平滑曲线、数据点方格等。

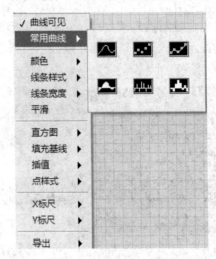

图 7.4　图例快捷菜单及常用曲线

在图例的快捷菜单中，"平滑"可以使曲线变得更光滑；"直方图"可以设置显示直方图的方式；"填充基线"用来设置曲线的填充参考基线，包括负无穷大和无穷大几种；"插值"提供绘制曲线的 6 种插值方式；"点样式"用来设置曲线数据点的样式，有圆点、方格和星号等样式。在图例上拖动其边缘，可以增加或减少图例。双击图例名称，可以改变图例的曲线名称。

2. 标尺图例

标尺图例用于设置 X 坐标和 Y 坐标的相关选项，其中各个选项名称如图 7.5 所示。在"坐标名称"中可以更改两个坐标轴的名称；打开自动缩放功能，波形图会根据输入数据的大小自动调整刻度范围，使曲线完整地显示在波形图上；"一次性自动缩放"可以对当前曲线的刻度进行一次性的缩放，单击"锁定自动缩放"按钮后，"一次性锁定自动缩放"也处于按下状态；单击"刻度格式"按钮，在弹出的刻度格式子菜单中可以设置坐标刻度的格式、精度、映射模式和网格颜色等，如图 7.6 所示。

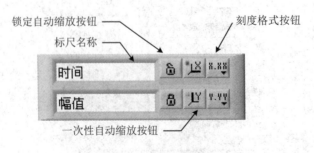

图 7.5　标尺图例图

图 7.6 刻度格式菜单

3. 游标图例

游标图例如图 7.7 所示。游标用于读取波形曲线上任意点的精确值，游标所在点的坐标值显示在游标图例中。通过游标图例，可以在波形图上添加游标：在游标图例中右击，选择"创建游标"子菜单下的游标模式便可以添加游标。当选中某个游标后，还可以通过单击游标移动器上的 4 个小菱形来移动游标。游标包含以下 3 种模式：

(1) 自由：与曲线无关，游标可在整个绘图区域内自由移动。

(2) 单曲线：仅将游标置于与其关联的曲线上，游标可在关联的曲线上移动。

(3) 多曲线：将游标置于绘图区域内的特定数据点上。多曲线游标可显示与游标相关的所有曲线在指定 X 值处的值，可置于绘图区域内的任意曲线上，该模式只对混合信号图形有效。

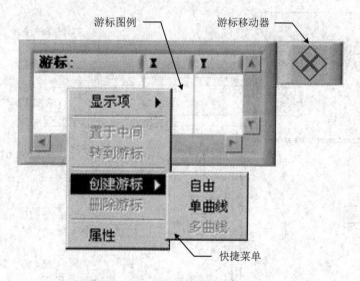

图 7.7 游标图例

4. 图形工具选板

选板中的控制工具用来选择鼠标的操作模式从而实现对波形进行缩放、平移等操作。图形工具选板上有 3 个按钮，按下第一个带有十字光标的按钮，表示处于通常情况下的操作式，此时可以移动波形图上的游标。第二个有放大镜标志的按钮用于对波形进行缩放，单击它将弹出表示 6 种缩放格式的 6 个选项，如图 7.8 所示。按下手形标志的第三个按钮时，可以在图形显示区随意地拖动图形。

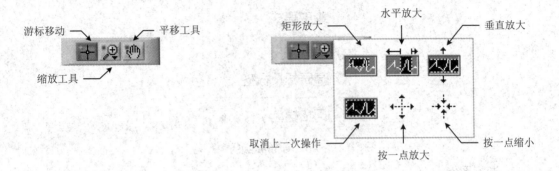

图 7.8　"图形工具"选板及缩放工具选项

5. X 滚动条

X 滚动条用于滚动显示图形，拖动滚动条可以查看当前未显示的数据曲线。

波形图的数据输入类型有一维数组、二维数组、簇、簇数组、波形数据等。

下面通过一个范例介绍波形图能够接收的数据类型，程序框图如图 7.9 所示。程序首先利用 For 循环分别产生 0～2π 均匀分布的 100 个正弦信号数据点和 100 个余弦信号数据点，然后将这些点输出到 For 循环数据隧道上，并通过不同的方式将它们作为波形图的输入，使波形图接收不同的数据类型。波形图可以显示一条或多条曲线。当绘制一条曲线时，波形图的输入数据类型可以是以下两种：

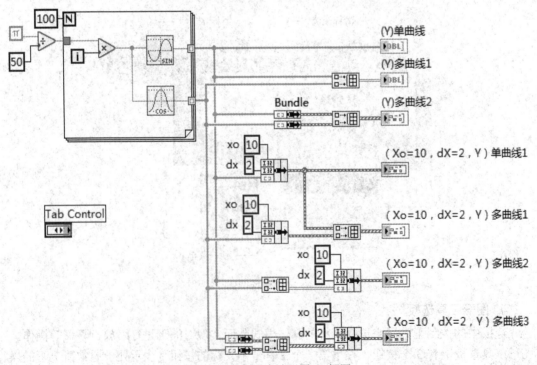

图 7.9　范例器中波形图 VI 框图

(1) 一维数组，其对应的输出波形图是(Y)单曲线，如图 7.10(a)所示。曲线从时刻 0 开始，在时刻 100 结束，数据点时间间隔为 1。

(2) 簇数组，其对应的输出波形是($X_0 = 10$,dX = 2,Y)单曲线 1，如图 7.10 (d)所示。程序利用捆绑函数将 100 个正弦数据点和 X_0、dX 捆绑成一个簇，作为波形图的输入。该波形图从时刻 10 开始，时间间隔为 2，以 100 个数据点绘制正弦曲线。

当绘制多曲线时，波形图的输入数据可以是以下 5 种类型：

(1) 二维数组，其对应的输出波形是(Y)多曲线 1，如图 7.10(b)所示。程序将 100 个正弦数据点与 100 个余弦数据点组成一个二维数组，作为波形图的输入。波形图上绘制的两条曲线均从时刻 0 开始，数据点时间间隔为 1。

(2) 簇数组，其对应的输出波形是(Y)多曲线 2，如图 7.10(c)所示。程序将 100 个正弦数据点与 100 个余弦数据点分别捆绑成簇，再将两个簇组成一个簇数组作为波形图的输入。两条曲线均从时刻 0 开始，数据点时间间隔为 1。

(3) 含有多个元素的簇组成的簇数组，其对应的输出波形是($X_0 = 10$, dX = 2，Y)多曲线 1，如图 7.10(e)所示。程序利用捆绑函数将 100 个正弦数据点、100 个余弦数据点和 X_0、dX 分别捆绑成两个簇，再将两个簇组成一个簇数组作为波形图的输入。两条曲线均从时刻 10 开始，时间间隔为 2。

(4) 簇类型输入，其对应的输出波形是($X_0 = 10$, dX = 2，Y)多曲线 2，如图 7.10(f)所示。程序将二维数组和 X_0、dX 组成一个簇，作为波形图的输入，从时刻 10 开始，时间间隔为 2。

(5) 元素中含有簇数组的簇类型，其对应的输出波形是($X_0 = 10$,dX = 2,Y)多曲线 3，如图 7.10(g)所示。两条曲线共用最外层簇提供的起始时刻 10 和数据点，时间间隔为 2。

除了上述几种输入数据类型外，波形图还可以接收波形数据作为输入。例如，利用"信号处理"→"波形生成"子选板上的正弦波形 VI 产生一个正弦信号，将其直接接入波形图上就能显示正弦波形，如图 7.11 所示。

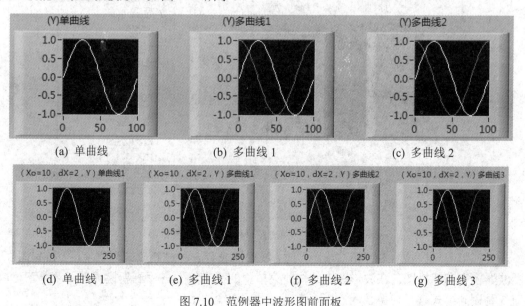

(a) 单曲线　　　　　　(b) 多曲线 1　　　　　　(c) 多曲线 2

(d) 单曲线 1　　　(e) 多曲线 1　　　(f) 多曲线 2　　　(g) 多曲线 3

图 7.10 范例器中波形图前面板

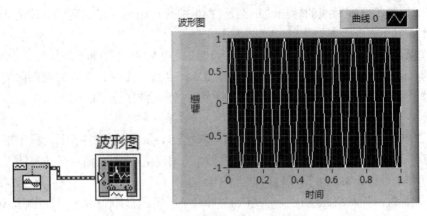

图 7.11　波形数据作为输入的波形图

7.1.2　波形图表

波形图一次性显示接收到的所有数据点，当新数据到达时，先把已有数据曲线完全清除，然后根据新数据重新绘制整条曲线。而波形图表可以逐点接收数据并显示，即可以实时绘制数据曲线。波形图表在接收到新数据时保留了部分历史数据，保留的数据长度可以自行指定(由波形图表快捷菜单中的"图表历史长度"选项设定，默认为 1024 个数据点，也是显示缓存区的最大长度)。波形图表接收的新数据点续接在历史数据的后面，实现了实时数据记录。

波形图表及显示项子菜单如图 7.12 所示，各个显示项的功能和属性与波形图类似。不同的是，波形图表的快捷菜单的"显示项"中没有"游标图例"，却多了一个"数字显示"的功能，如图 7.12 所示。当波形图表接收数据时，数字显示框能实时显示当前接收到的数据值。

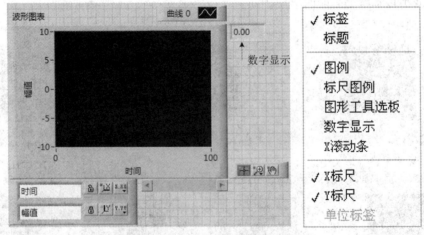

图 7.12　波形图表及"显示项"子菜单

当波形图表接收的数据超过绘图区时，波形图表有 3 种刷新模式可供使用：带状图表、示波器图表和超描图。在波形图表的快捷菜单中的"高级"→"刷新模式"子菜单下可以对 3 种刷新模式进行切换。

(1) 带状图表：波形图表刷新的默认模式，波形从左到右绘制，到达右边界时旧数据开始从波形图表左边界移出，新数据接续在旧数据之后出现。

(2) 示波器图表：波形从左到右绘制，到达右边界后整个波形图表被清空，然后重新从左到右绘制波形。

(3) 扫描图模式：从左到右绘制波形，到右边界后，波形重新开始从左到右绘制，原波形并不马上清空，而是在最新数据点上的清除线随新数据向右移动，逐渐擦除旧波形，如图 7.13 所示。

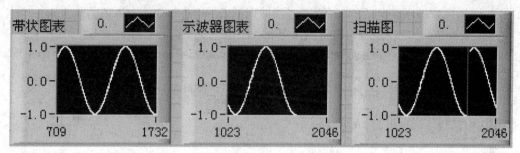

图 7.13　波形图表的 3 种刷新模式

下面通过一个简单的例子来说明波形图表与波形图的不同使用方法。如图 7.14 所示，用波形图表和波形图分别显示 20 个随机数产生的曲线。观察程序框图，两个波形图表分别处于不同的位置，一个波形图表在 For 循环内，另一个波形图表与波形图位于 For 循环外面，程序运行时，循环内的波形图表每接收到一个点就显示一个，而在循环外的波形图表与波形图是在 50 个数据都产生后，一次性显示出整个数据曲线。

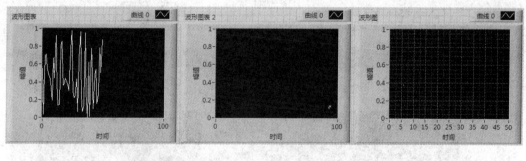

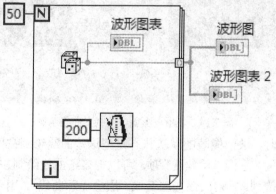

图 7.14　波形图表与波形图的比较

由上面的例子也可以看出，波形图表在绘制单曲线时，可以接受的数据格式有两种，分别是标量数据和数组。标量数据和数组被接在旧数据的后面显示出来。输入标量数据时，曲线每次向前推进一个点；输入数组时，曲线推进的点数等于数组的长度。

绘制多条曲线时，波形图表可以接受的数据格式也有两种。第一种是每条曲线的一个新数据点(数值类型)打包成簇，然后输入到波形图表中，这时波形图表的所有曲线同时推进一个点；第二种是每条曲线的一个数据点打包成簇，若干个这样的簇作为元素构成数组，再把数组送入到波形图表中，数组中的元素决定了绘制波形图表时每次更新数据的长度。如图 7.15 所示，该示例共绘制两条曲线，"波形图表(单点)"每秒为每条曲线更新 1 个点，"波形图表(4 点)"每秒钟内为每条曲线更新 4 个点。

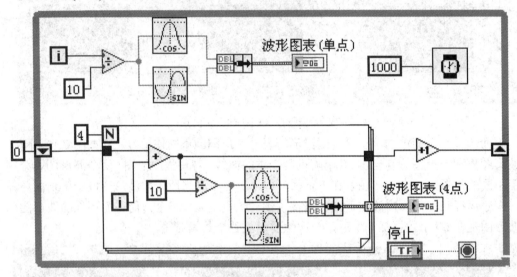

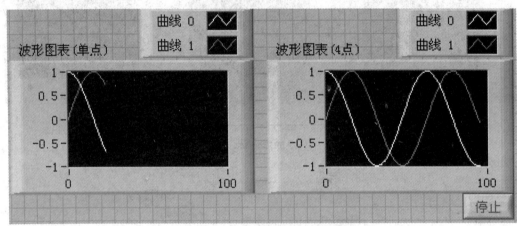

图 7.15　使用波形图表绘制多曲线示例

在绘制多条曲线时，波形图表的默认状态是把这些曲线绘制在同一个坐标系中。选择波形图表快捷菜单中的"分格显示曲线"项，可以把多条曲线绘制在各自不同的坐标系中，这些坐标系从上到下排列。此时，该选项变成"层叠显示曲线"，用于在同一坐标系中显示多条曲线，如图 7.16 所示为两种显示方式的对比情况。

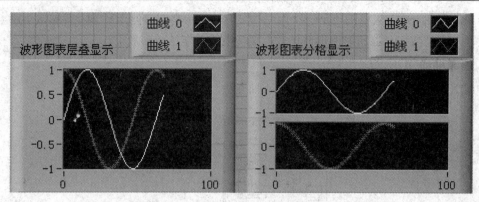

图 7.16　波形图表的层叠/分格显示方式

7.2　XY 图

7.2.1　XY 图简介

波形图和波形图表只适用于显示均匀波形数据，其横坐标默认为采样序号，纵坐标为测量数值。这在实际应用中有一定的局限性。例如，对于 Y 值随 X 值变化的曲线，如圆曲线 $x^2 + y^2 = 1$，就无法使用波形图和波形图表。因此，LabVIEW 专门设计了 XY 图，用于显示多值函数，曲线形式由用户输入的 X、Y 坐标决定，可显示任何均匀采样或非均匀采样的点的集合。XY 图也是波形图的一种，它需要同时输入相互关联的 X 轴和 Y 轴的数据，并不要求 X 坐标等间距。

XY 图窗口及属性对话框与波形图类似，如图 7.17 所示。

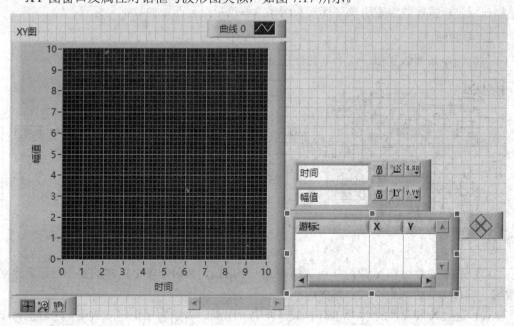

图 7.17　XY 图

与波形图一样，XY 图也是一次性完成波形的显示刷新。但 XY 图控件接收多种数据类型，从而把数据在显示为图形前进行类型转换的工作量减到最小。

1. 单曲线

用 XY 图绘制单条曲线常采用以下两种方法，如图 7.18 所示。

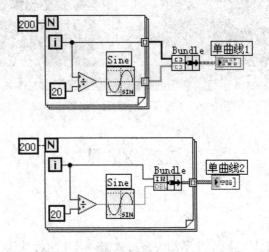

图 7.18　使用 XY 图绘制单条曲线

(1) X 数组和 Y 数组打包生成的簇。绘制曲线时，把相同索引的 X 和 Y 数组元素值作为一个点，按索引顺序连接所有的点生成曲线图。使用这种方式来组织数据要确保两个数组的数据长度相同，否则以长度较短的数组为准，长度较长的数组多出的部分将无法在图中显示。

(2) 簇组成的数组，每个数组元素都是由一个 X 坐标值和一个 Y 坐标值打包生成的簇。绘制曲线时，按照数组索引顺序连接数组元素解包后组合而成的数据坐标点。

2. 多曲线

与绘制单条曲线类似，绘制多曲线也有两种方法，如图 7.19 所示。

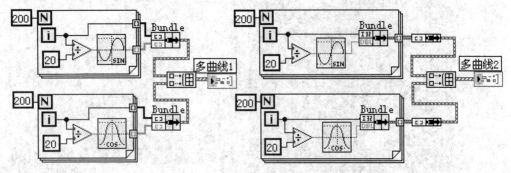

图 7.19　在 XY 图中显示多条曲线

(1) 先由 X 数组和 Y 数组打包成簇建立一条曲线，然后把多个这样的簇作为元素建立数组，即每个数组元素对应一条曲线。

(2) 先把 X 和 Y 两个坐标值打包成簇作为一个点，以点为元素建立数组；然后把每个数组再打包成一个簇，每个簇表示一条曲线数据；最后建立由簇组成的数组。把由点构成的数组打包成簇这一步是必要的，因为 LabVIEW 中不允许建立以元素为数组的数组，必须先把数组用簇包起来然后才能作为数组元素。

7.2.2 Express XY 图

Express XY 图利用了 LabVIEW 提供的 Express 技术，当把该控件放置在前面板上时，界面与 XY 曲线图控件相同，但在程序框图上除了 XY 图端子外，还自动添加了一个"创建 XY 图"的 Express VI，如图 7.20 所示。

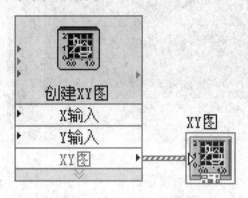

图 7.20 Express XY 图程序框图

"创建 XY 图"Express VI 的"X 输入"和"Y 输入"接收动态数据类型的输入参数后，直接从"XY 图"输出参数到 XY 图控件绘制波形曲线，无需像普通的 XY 图那样先将 X 轴和 Y 轴坐标数据进行捆绑才能将其输入到 XY 图进行曲线绘制。当把非动态类型的数据直接连到该 Express VI 时，LabVIEW 会自动创建"转换至动态数据"Express VI，将输入参数强制转换成动态类型的数据，再输出给"创建 XY 图"VI，示例如图 7.21 所示。

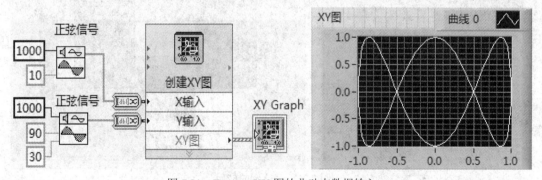

图 7.21 Express XY 图的非动态数据输入

7.3 强 度 图 形

强度图形包括强度图和强度图表两种，通过二维平面上放置颜色块的方式显示三维数据，常用来形象地显示温度图、地形图(以量值代表高度)等。

7.3.1 强度图

强度图控件如图 7.22 所示，强度图与图形波控件在外形上的最大区别在于，强度图拥有标签为"幅值"的颜色控制组件，如果把标签为"时间"和"频率"的坐标轴分别理解为 X 和 Y 轴的标尺，则"幅值"组件相当于 Z 轴的标尺。

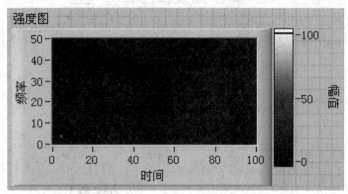

图 7.22　强度图控件

【例 7.1】 图 7.23 所示是利用强度图显示三维数据的一个例子。数组的行序号对应于强度图的 X 坐标，列序号对应于强度图的 Y 坐标，数组的元素对应于强度图的 Z 坐标，其值大小通过颜色的深浅反映，从而实现了用强度图表征一个二维数组各元素值的大小。需要注意的是，数组的每一行对应于强度图上的一列颜色块，而每一列对应于强度图上的每一行颜色块。如果想改变这种行列对应关系，在强度图快捷菜单中选择"转置数组"命令即可。

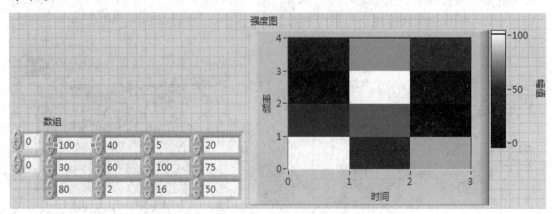

图 7.23　强度图的应用

在强度图中，用来反映数值大小的颜色块的颜色可以任意设定。利用 Z 坐标上右击的快捷菜单即可实现"数值→颜色"映射关系的设置。如图 7.24 所示，其步骤如下：

(1) 利用"添加刻度"增加一个刻度并设定刻度的数值。

(2) 右击刻度，利用"刻度颜色"选项，在其弹出的下级"颜色设置图形选板"中选择该刻度对应的颜色完成"数值→颜色"的映射。

(3) 勾选"插值颜色"选项来平滑颜色的过渡操作。

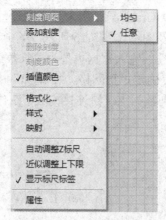

图 7.24　Z 坐标的快捷菜单

7.3.2　强度图表

强度图表与强度图的异同类似于波形图表与波形图的异同，两者的主要差别在于数据的刷新方式不同。强度图一次性接收所有需要显示的数据，并将其全部显示在强度图中；而强度图表在显示数据时使用缓存区，它在接收新数据时，原来的旧数据向左移动，新数据显示在旧数据的右边。当显示区域占满后，最先的数据被移出显示区。强度图表可以逐点地显示数据，来反映数据的变化趋势，如图 7.25 所示。

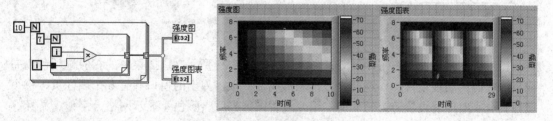

图 7.25　强度图与强度图表应用示例

7.4　三　维　图　形

大量实际应用中的数据，例如某个表面的温度分布、联合时频分析、飞机的运动等，都需要在三维空间中可视化显示。三维图形可实现三维数据的可视化，修改三维图形的属性可改变数据的显示方式。LabVIEW 提供了 3 个三维数据的显示控件：三维曲面图、三维参数图和三维曲线图，它们分别用于三维空间绘制一个曲面、一个参数曲面和一条曲线。这 3 个控件实质上是 ActiveX 控件。它们都位于"控件"→"新式"→"图形"→"三维图形"及"经典"→"经典图形"子选板中。

7.4.1　三维曲面图形

把三维曲面图形控件放置在前面板时，在程序框图中会同时出现两个图标：3D Graph

和三维曲面图设置 VI，其中 3D Graph 只是用来显示图形，作图功能则由三维曲面图设置 VI 完成。三维曲面图接线端口及图标如图 7.26 所示，其中"x 向量"和"y 向量"的输入数据类型为一维数组，"z 矩阵"的输入数据类型为二维数组，"x 向量"的元素 x[i] 和"y 向量"的元素 y[j] 在 X-Y 平面上确定矩形网格，"z 矩阵"中的数据点 z[i, j] 在 X-Y 平面上投影点是(x[i], y[j])，所有 Z 方向数据点平滑连接构成了三维曲面。默认情况下，"x 向量"和"y 向量"的元素值为(0、1、2、…)。

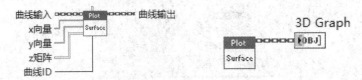

图 7.26　三维曲面图接线端口及图标

　　图 7.27 给出了一个使用三维曲面图形绘制正弦信号的示例。图中使用的数据源是正弦信号，位于"信号处理"→"信号生成"子选板中。注意，不能使用正弦波形 VI，因为正弦波形输出的是簇数据，而 z 矩阵的输入数据类型要求是二维数组，二者不匹配。

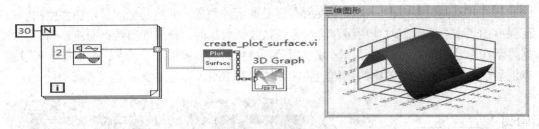

图 7.27　三维曲面图应用示例

　　在三维图形界面上右击，弹出的快捷菜单如图 7.28 所示。快捷菜单的相应选项可以完成三维曲面的属性设置。如选择"三维图形属性"项，弹出的窗口共有 6 个属性页，每个属性页分别对应着设置一定的功能，用来设置图像亮度、颜色、显示网格、字体、游标等属性，如图 7.29 所示。

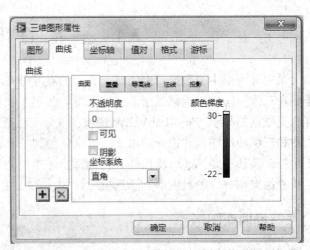

图 7.28　三维曲面图的快捷菜单图　　　　图 7.29　"三维图形属性"对话框

7.4.2　三维参数图形

相对于只能绘制非封闭的三维曲面图而言，三维参数图形控件用于描绘一些更复杂的三维空间图形，特别是绘制三维封闭图形。三维参数图的前面板显示与三维曲面图类似，当控件放置在前面板后，程序框图中将出现两个图标：一个是 3D Graph，另一个是三维参数图设置 VI，如图 7.30 所示。与三维曲面图不同，它需要输入 X 矩阵、Y 矩阵、Z 矩阵，并且 3 个输入端子的数据类型都是二维数组，分别决定了相对于 X 平面、Y 平面和 Z 平面的封闭曲面。

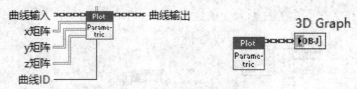

图 7.30　三维参数图接线端口及图标

已知圆环曲面的参数方程为

$$x = (R + r\cos\alpha)\cos\beta$$
$$y = (R + r\cos\alpha)\sin\beta$$
$$z = r\sin\alpha$$

其中，α、β 的角度变化区间均为 $0\sim2\pi$。图 7.31 给出了生成圆环曲面的程序框图及运行结果。

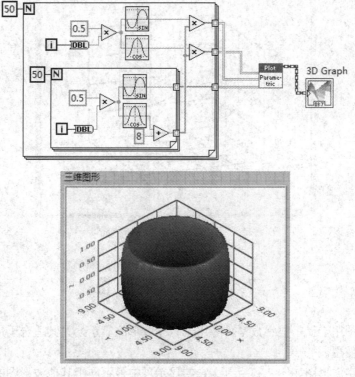

图 7.31　三维参数图应用示例

7.4.3　三维线条图形

三维曲线图用于显示三维空间曲线，其接线端口及图标如图 7.32 所示，它的输入相对简单，三维曲线图标的 x 向量、y 向量端口分别输入一个一维数组，用于指定曲线的 x 轴坐标和 y 轴坐标。与三维曲面图、三维参数图不同，此时 z 向量端口输入的仍为一维数组，用于指定三维曲线的 z 轴坐标。

如图 7.32 所示的程序绘制了一条三维空间内的正弦曲线。正弦信号 VI 设置幅度为 2，周期数为 2，采样数为 200。可以看出，该三维空间曲线在 X 平面、Y 平面内的投影均为一条正弦曲线，在 Z 平面内的投影为一条直线。

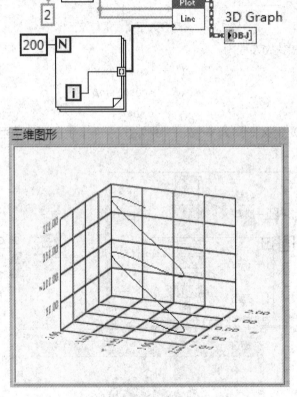

图 7.32　三维曲线图应用示例

7.5　数　字　波　形　图

数字波形图用于显示数字数据，多用于时序波形的显示，尤其适合于用到定时框图或逻辑分析器时使用。

典型的数字波形图如图 7.33 所示。它的显示项中最不同于其他波形图的地方是其树型视图图例。图例中波形标志的名称和颜色都与数字波形图中的名称和颜色相对应，这样的图例更加清晰和直观。用户也可以在数字波形图中右击，从弹出的快捷菜单中的名称和颜色选择"高级"→"更改图例至标准视图/更改图例至树形视图"选项将图例恢复成普通样式与树形样式。

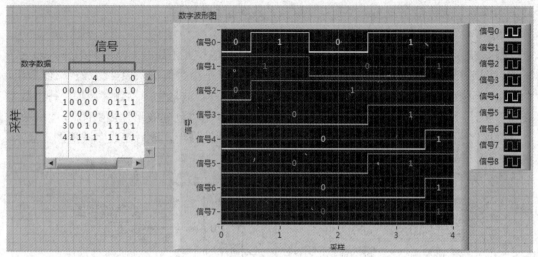

图 7.33　数字波形图

数字数据控件用于创建或显示数字数据。数字数据中的每一列都对应于数字波形图中的一行信号，数字数据中的每一行就是一个采样。如图 7.33 所示，从上到下的各条曲线代表从低到高的数字数据的各个位。

数字波形图的窗口及属性设置与波形图类似，可以参照波形图进行设置。在数字波形图的图例上右击，弹出如图 7.34 所示的快捷菜单，可以在此进行一些数字波形图的特殊设置。

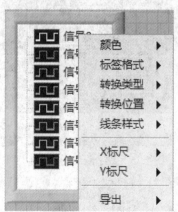

图 7.34　图例的右键快捷菜单

(1) 标签格式：设置曲线中数字的格式，曲线中的数字可以设置的十六进制、十进制、八进制或二进制格式显示，也可选择从曲线上移除标签的"无"格式。

(2) 转换类型：设置 LabVIEW 如何区别曲线中的不同值。该设置仅影响超过一个位的曲线。有矩形边缘和倾斜边缘供选择。矩形边缘用于显示简单的状态变化。倾斜边用于强调状态间有抖动或稳定时间。

(3) 转换位置：设置显示从高到低过渡的位置，可以是前一点、中间点或 X 轴上的新点。默认为从 Z 轴的新点开始，从高到低显示过渡。

(4) 线条样式：设置 LabVIEW 在曲线中使用细线还是粗线来区分值的高低以及某曲线线条的偏移。选择最左面的选项则保持默认的线条粗细。

(5) Y 标尺：设置与 Y 轴相关的变量。

数字波形图接收数字波形数据类型、数字数据类型和上述数据类型的数组作为输入。下面以图 7.35 所示的 VI 为例介绍数字波形图，"数组"是由数值输入控件组成的一维数组，"二进制至数字转换"函数(位于"函数"→"编程"→"波形"→"数字波形"→"数字转换"子选板上)配置为"二进制 U8 至数字波形"，利用"创建波形"函数(位于"函数"→"编程"→"波形"→"数字波形"子选板上)生成数字波形，最后在数字波形图上显示。

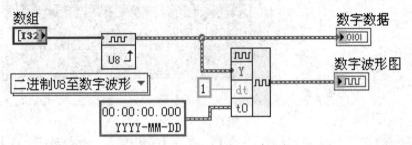

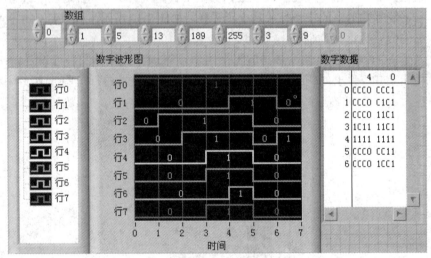

图 7.35　数字波形图应用示例

习　　题

1. 用随机函数产生的 50 个随机数，通过波形图显示。

2. 分别用随机数产生两组数据并同时显示在波形图上，其中一组数据为 60 点，$X_0 = 0$，$dX = 2$，另一组数据为 40 点，$X_0 = 10$，$dX = 3$。

3. 在一个波形图表中用红、绿、蓝 3 种颜色表示范围分别在 0～1、0～5、0～10 的 3 个随机数构成的 3 条曲线。要求分别用层叠和分格两种方式显示。

4. 创建一个 VI，使用扫描刷新模式将两条随机曲线显示在波形图表中。两条曲线中一条为随机数曲线，另一条曲线是每个数据点为第一条曲线对应点前 5 个数据值的平均值。

5. 绘制李萨如图形，并在 XY 图中显示。

6. 使用 For 循环生成一个 5 行 6 列的二维数组，数组元素由范围为 0～120 的随机数组成。要求在强度图中用不同的颜色表示数组元素的值所处范围。

7. 使用三维曲面图显示 $z = \sin x \cos y$，其中，x、y 都在 0～2π 的范围内，x、y 坐标轴的步长为 $\pi/50$。

8. 使用三维参数图显示一个半径为 5 的圆球。

9. 绘制螺旋线：$x = \cos\theta$，$y = \sin\theta$，$z = \theta$。其中 θ 在 0～8π 的范围内，步长为 $\pi/12$。

10. 用数字波形图显示数组各元素对应的二进制信号，数据元素为(0、1、2、3、4、5、6、7、8、9、10、11、12、13、14、15)。

11. 在一个波形图表中显示 3 条曲线，分别用红、蓝、黄 3 种颜色表示范围分别在 0～1、5～6、2～3 的随机数。

12. 在一个波形图中用两种不同的线宽和颜色来分别显示一条正弦曲线和锯齿波。设置曲线长度为 256 个点，$x_0 = 10$，$\Delta x = 2$。

13. 使用 For 循环生成一个二维数组，并在波形图显示该二维数据。要求将二维数组的每一列生成一条曲线。

14. 使用 XY 图绘制一个半经为 10 的圆。

15. 产生一个 5 行 5 列的二维数组，数值成员为 0～120 的随机整形数，用强度图显示出来。

16. 三维曲面图与三维参数图的主要区别是什么？

17. 应用"三维曲面" VI 在三维空间绘制 9 个正弦波曲线，这 9 个正弦曲线的幅值分别为 1～9。

第 8 章　文 件 I/O

LabVIEW 提供的文件 I/O 函数可以进行所有有关文件输入/输出的操作,主要包括以下几个方面:

(1) 打开和关闭数据文件。

(2) 在文件中读取和写入数据。

(3) 读取和写入数据到电子表格格式的文件。

(4) 重新命名文件与目录。

(5) 改变文件属性。

(6) 创建、修改和读取配置文件。

LabVIEW 文件数据格式主要有下面几种:

(1) 文本文件:最常用和最通用的文件格式。如果希望其他的软件(如字处理程序或者电子表格程序)也可以访问数据,就需要将数据存储为 ASCII 格式的文本文件。

(2) 电子表格文件:一种特殊的文本文件,它将文本信息格式化,并在格式中添加了空格、换行符等特殊标记,以便于能被 Excel 等一些常用电子表格软件读取并处理数据文件中存储的数据。电子表格文件输入的是一维或二维的数组,这些数组的内容可以是字符串类型的、整型的或浮点型的,用它来存储数据非常方便。

(3) 二进制文件:最紧凑、最快速的存储文件格式。当用户需要随机地读写文件,或对速度、硬盘空间有较严格的要求时,可以使用这种格式。

(4) 配置文件:标准的 Windows 配置文件,用于读写一些硬件或软件的配置信息,并以 INI 文件的形式进行存储。一般来说,一个 INI 文件是一个键值对的列表。

(5) 数据记录文件:记录结构的二进制格式文件。它可以把不同类型的数据存储到同一个文件记录中。如果用户想对具有不同数据类型或结构复杂的数据进行存储,则可以选用该格式文件。

(6) 波形文件:专门用于记录波形数据,这些数据输入类型可以是动态波形数据或一维、二维的波形数组。波形数据中包含有起始时间、采样间隔、采样数据等波形信息。波形文件既可以以文本的格式保存,也可以以二进制的形式保存。

(7) 基于文本的测量文件:扩展名为 lvm 的文件。

(8) 二进制测量文件:扩展名为 tdm 的文件。

这些文件格式各有专门的用途,其中,前 3 种文件格式比较常用。

文件 I/O 函数选项板如图 8.1 所示。

图 8.1 文件 I/O 函数选项板

8.1 文 件 I/O 函 数

一个典型的文件 I/O 操作包括以下 3 个步骤:

(1) 创建或打开一个文件。打开文件时,需指明该文件的存储位置;创建新文件时,需给出文件的存储路径。这一步操作之后,LabVIEW 会自动创建一个引用句柄。

(2) 对已经打开的文件做读取或写入操作。

(3) 关闭文件,同时引用句柄会被自动释放。

1. 打开 / 创建 / 替换文件

如图 8.2 所示的 VI 用于打开或替换已有的文件,也可以用于创建新的文件。用户可以用"文件路径";如果没有指定,则在运行时 LabVIEW 会弹出文件对话框让用户指定。

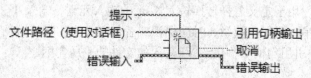

图 8.2 打开/创建/替换文件

该 VI 的输入为文件路径,LabVIEW 中文件路径分为绝对路径和相对路径。绝对路径指文件在磁盘中的位置,LabVIEW 可以通过绝对路径访问存储在硬盘的文件;相对路径是指相对于一个参照位置的路径,相对路径必须最终形成绝对路径才能访问磁盘中的文件。

该 VI 的输出为引用句柄，文件引用句柄是 LabVIEW 对文件操作进行区分的一种标识符。打开一个文件时，LabVIEW 会生成一个指向该文件的引用句柄。文件引用句柄包含文件的位置、大小、读写权限等信息。所有针对该文件的操作都通过这个引用句柄进行，当文件关闭后，与之对应的引用句柄就会被释放。引用句柄的分配是随机的，同一文件被多次打开时，其每次分配的引用句柄一般是不同的。

2. 关闭文件

如图 8.3 所示的 VI 可关闭引用句柄所指明的文件。注意，无论"错误输入"中是否有错误信息输入(即前面的操作是否有错误产生)，该 VI 都会执行关闭文件的操作。这样能够保证文件总是被正确关闭。

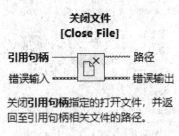

图 8.3　关闭文件

关闭一个文件要进行的步骤为：首先，把在缓冲区里的文件数据写入物理存储介质中；然后，更新文件列表的信息，如文件最后修改的日期等；最后，释放引用句柄。

3. 格式化写入文件

如图 8.4 所示的 VI 将字符串、数值、路径、布尔类型数据格式化写入文本文件。

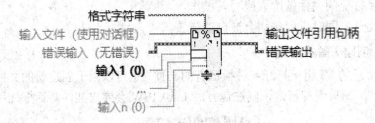

图 8.4　格式化写入文件

"格式字符串"用于定义怎样转换输入 1～n 的输入元素。输入 1～n 为被转换的输入参数，可以是字符串、路径、枚举、时间标识或者任意类型的数值数据，但不能接入数组或者簇。"输出文件引用句柄"输出该 VI 写入的文件的引用句柄。

4. 扫描文件

扫描文件 VI 与格式化写入 VI 功能相对应，可以扫描位于文本中的字符串、数值、路径及布尔数据，将这些文本数据类型转换为指定的数据类型并返回重复的引用句柄及转换后的输出，该输出结果以扫描的先后顺序排列。输出端子的默认数据类型为双精度浮点型，如图 8.5 所示。该 VI 不可用于 LLB 中的文件。

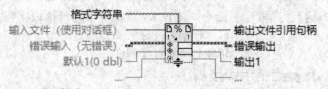

图 8.5 扫描文件

为输出端子创建输出数据类型有如下 4 种方式可供选择：

(1) 通过默认 1…n 输入端子创建指定输入数据类型，该数据类型即输出数据类型。

(2) 通过格式字符串定义输出类型。但布尔量和路径的输出类型无法用格式字符串定义。

(3) 先创建所需类型的输出控件，然后连接输出端子，自动为扫描文件函数创建相应的输出类型。

(4) 双击扫描文件函数或在该函数的快捷菜单中选择"编辑扫描字符串"命令，可显示"编辑扫描字符串"对话框，该对话框用于指定将输入的字符串转换为输出参数的方式。

无论哪种类型的文件，其输入与输出操作基本流程都是相同的。

8.2 文 本 文 件

文本文件是最常用的文件类型。把数据保存为文本(ASCII)字节流的最大好处是方便别的软件，如通过字处理软件或电子表格软件等来访问数据。为使用这种方式保存数据，需要将所有的数据转换为 ASCII 字符串。

1. 写入文本文件

如图 8.6 所示的 VI 将字符串或字符串数组按行写入文件。

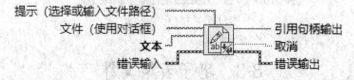

图 8.6 写入文本文件

写入文本文件 VI 的图标及端口如图 8.6 所示，该 VI 将实现字符串或字符串数组按行写入文件的功能。"文件"端子可以输入引用句柄或绝对文件路径，不可以输入空路径或相对路径。写入文本文件 VI 根据文件路径端子打开已有文件或创建一个新文件。"文本"端子要求输入字符串或字符串数组类型的数据，如果数据为其他类型，必须先使用格式化写入字符串函数(位于"函数"→"编程"→"字符串"子选板)，把其他类型数据转换为字符串型的数据。

2. 读取文本文件

如图 8.7 所示的 VI 用于从文件中读取字符或者行。默认读取字符，在 VI 上右击，从弹出的快捷菜单中选择"读取行"命令，则该 VI 从文件中按行读取字符。

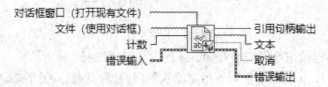

图 8.7　读取文本文件

【例 8.1】　从文本文件读取数据

图 8.8 给出了简单的文本写入操作，该程序将字符串常量保存在"文本文件 8.1.txt"中。图 8.9 为读取该文本文件的操作实例。

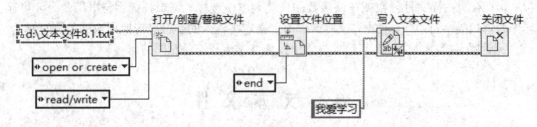

图 8.8　写字符串常量

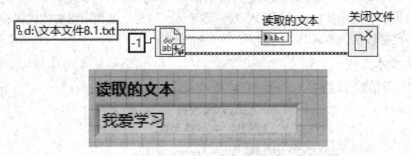

图 8.9　读字符串常量

8.3　电子表格文件

1. 写入电子表格文件

如图 8.10 所示的 VI 可以将由数值组成的一维或二维数组转换成文本字符串，写入一个新建文件或者已有文件。如果文件已经存在，则用户可以选择把数据追加到原文件数据之后，也可以选择覆盖原文件；如果文件不存在，则创建新文件。该 VI 在写入数据之前，将先打开或新建文件，写入完毕后将关闭文件。它可以用于创建能够被大多数电子表格软件读取的文本文件。

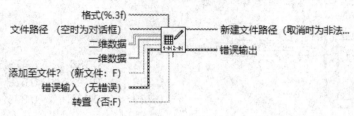

图 8.10　写入电子表格文件

图 8.10 中的各图标含义如下：

(1) 格式(%.3f)：指定如何使数字转化为字符。如格式(为%.3f)默认)是指在将数据转换时，取到小数点后 3 位数字。如格式为%d，VI 可使数据转换为整数，使用尽可能多的字符包含整个数字。如格式为%s，VI 可复制输入字符串。

(2) 添加至文件？：若该值为 True，则 VI 可把数据添加至已有文件；若该值为 False(默认)，则 VI 可替换已有文件中的数据。如不存在已有文件，VI 可创建新文件。

(3) 转置：若该值为 True，则 VI 可在字符串转换为数据后对其进行转置。其默认值为 False，对 VI 的每次调用都在文件中创建新的行。

(4) 分隔符：用于对电子表格文件中的栏进行分隔的字符或由字符组成的字符串，如"，"用于指定用单个逗号作为分隔符。其默认值为\t，表明用制表符作为分隔符。

2. 读取电子表格文件

如图 8.11 所示的 VI 用于从文件的某个特定位置开始读取指定个数的行或者列的内容，再将数据转换成二维单精度数组。该 VI 用于读取文本格式的电子表格文件。它先打开文件，读取之后再关闭文件。注意，必须保证这个电子表格文件的所有字符串全部是由有效的数值字符组成的。

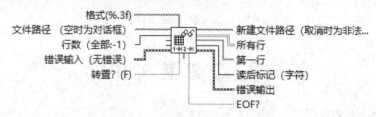

图 8.11　读取电子表格文件

图 8.11 中各图标含义如下：

(1) "行数"：读取行数的最大值，默认值为-1，如行数 < 0，VI 可读取整个文件。

(2) "所有行"：从文件读取的数据。

(3) "第一行"：从文件读取的数据中的第一行。

(4) "读后标记"：数据读取完毕时文件标记的位置。"标记"指向文件中最后读取的字符之后的字符(字节)。

(5) "EOF？"：如需读取的内容超出文件的结尾，则值为"True"。

【例 8.2】 用 For 循环生成一个 3 行 4 列的随机数组，然后将它写到 excel 文件中。再将它读取出来，如图 8.12 所示。

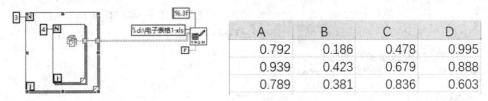

A	B	C	D
0.792	0.186	0.478	0.995
0.939	0.423	0.679	0.888
0.789	0.381	0.836	0.603

图 8.12　将二维数组写入 excel 文件

如果将写入电子表格文件 VI 中转置端口设置为 True，则写入 excel 中的就是将二维数组做了转置，变成 4 行 3 列的二维数组，如图 8.13 所示。

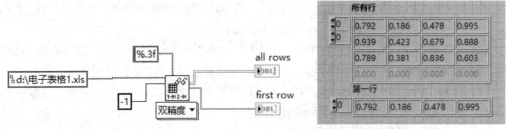

图 8.13　读取 excel 文件

如果将行数从默认值 "-1" 改为 "2"，则结果如图 8.14 所示。

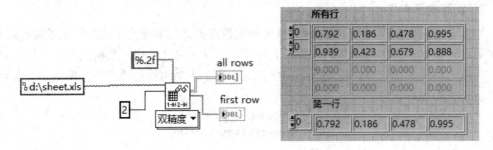

图 8.14　读取 excel 文件 2

8.4　二 进 制 文 件

1. 写入二进制文件

写入二进制文件 VI 的图标及端口如图 8.15 所示，该 VI 用于写入二进制数据至新文件，添加数据至现有文件，或替换文件的内容。该 VI 不可用于 LLB 中的文件。"预置数组或字符串大小？"表明当数据为数组或字符串时，LabVIEW 在引用句柄输出的开始是否包括数据大小信息，如其值为 False，LabVIEW 将不包含大小信息，默认值为 True；"字节顺序"设置结果数据的 Endian 形式，表明在内存中整数是否按照从最高有效字节到最低有效字节的形式表示，可以设置成以下 3 种形式：

(1) Big-Endian, Network Order(默认)：最高有效字节占据最低的内存地址。该形式用于 PowerPC 平台，也可以在读取由其他平台写入的数据时使用。

(2) Native，Host Order：使用主机的字节顺序格式。该形式可提高读取写速度。

(3) Little-Endian：最低有效字节占据最低的内存地址。该形式用于 Windows、Mac OS X 和 Linux。

图 8.15 写入二进制文件

2．读取二进制文件

读取二进制文件 VI 的图标及端口如图 8.16 所示，该 VI 的作用是从文件中读取二进制数据，在数据中返回。数据怎样被读取取决于指定文件的格式。该 VI 不可用于 LLB 中的文件。"数据类型"设置函数用于读取二进制文件的数据类型，如果 LabVIEW 发现数据与类型不匹配，则 VI 将把数据设置为指定类型的默认值并返回错误。"总数"端口用来指定要读取的数据元素的数量，如总数为–1，VI 将读取整个文件，当总数小于–1 时，VI 将返回错误。

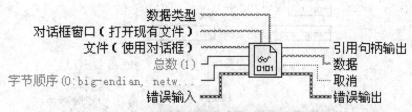

图 8.16 读取二进制文件

【例 8.3】利用 For 循环生成 500 个随机数，写入二进制文件中，数据按 8 字节 Little Endian 格式写入。如图 8.17 所示，将这个文件保存在指定路径中。然后在通过读取二进制文件函数，将这个文件按照指定格式-8 字节 Little Endian 读取出来，用波形图和数组的形式在前面板中显示，程序框图和前面板如图 8.18 所示。

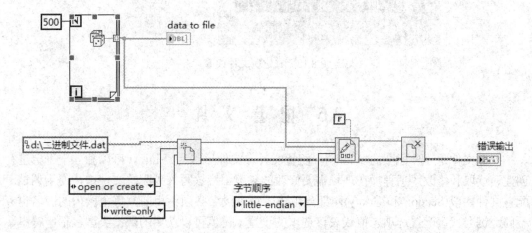

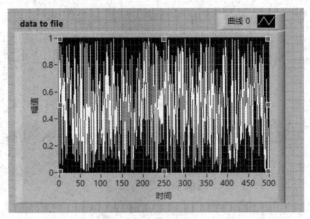

图 8.17　将 500 个随机数写入二进制文件

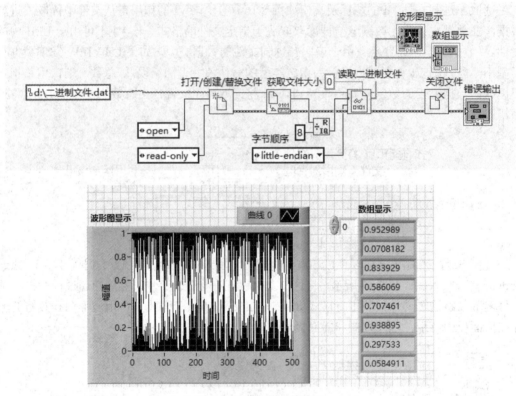

图 8.18　二进制文件读取

8.5　配 置 文 件

　　配置文件是一种标准的 Windows 配置文件，文件后缀为 ".ini"，可以独立于平台进行创建、读取和修改。工程师在现场需要修改的参数都应该写入到配置文件中，便于调试。配置文件由段(Section)和键(key)两部分组成。每个段名必须不相同，每个段内的键名也应不同。键名代表配置选项，值代表该选项的设置。键值可以使用的数据类型包括字符串、路径、布尔、64 位双精度浮点数、32 位有符号整数和 32 位无符号整数。其格式如下：

[Section l]

  keyl= value

  key2= value

举例需要配置段名＝"通讯"的键 1"计算机名"和键 2"端口号"，配置文件的格式为：

[通讯]

  计算机名＝ 二期 station1

  端口号＝ 19008

1. 写入键

写入键 VI 的图标及端口如图 8.19 所示，该 VI 将值写入引用句柄指定的配置数据中某个段的键。"段"连接要写入指定键的段的名称；"引用句柄"是配置文件的引用；"键"是要写入的键的名称；"值"是要写入的键值。如果要写入的存在，则输入的键值将取代现有的值；如果键不存在，则将键值添加至指定的段尾；如果段不存在，则将段和键值添加至配置文件的尾部。

写入键
[NI_LVConfig.lvlib:Write Key.vi]

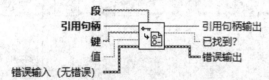

使值写入**引用句柄**指定的配置数据中某个段的键。 该 VI 将对内存中的数据进行修改。
如需使数据写入磁盘，可使用关闭**配置数据** VI。
通过连线数据至**值**输入端可确定要使用的多态实例，也可手动选择实例。

图 8.19 写入键 VI

2. 读取键

读取键 VI 的图标及端口如图 8.20 所示，该 VI 用于读取"引用句柄"指定的配置文件中某个段的键值。如果该键不存在，则 VI 返回默认值。"默认值"指当函数没有在指定的段找到键或者发生错误时返回的值。

读取键
[NI_LVConfig.lvlib:Read Key.vi]

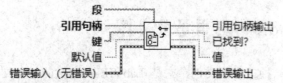

读取由**引用句柄**指定的配置数据中某个段的键值。 如该键不存在，则 VI 返回默认值。
该 VI 支持字符串中出现多字节字符。
通过连线数据至**默认值**输入端可确定要使用的多态实例，也可手动选择实例。

图 8.20 读取键 VI

【例 8.4】 分别将布尔值、数值、路径和字符串 4 种不同的数据类型写到配置文件中，然后再将它读取出来，如图 8.21 和图 8.22 所示。

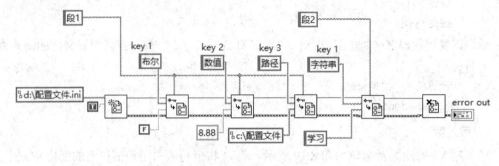

图 8.21　写入配置文件

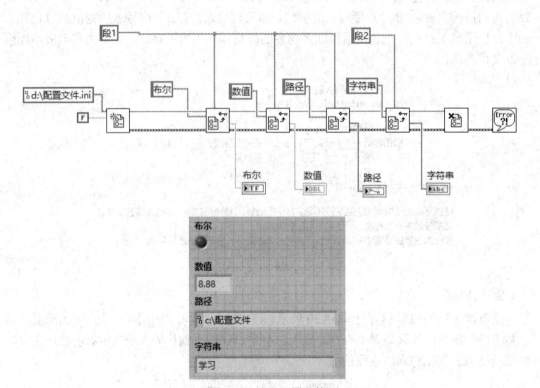

图 8.22　读取配置文件

8.6　数据记录文件

数据记录文件本质上也是一种二进制文件，它是 LabVIEW 定义的一种文件格式，用于在 LabVIEW 中访问和操作数据，并可以快速方便地存储复杂的数据结构，如簇和数组数据。

数据记录文件以相同的结构化记录序列存储数据(类似于电子表格)，每行均表示一个记录。数据记录文件中的每条记录都必须是相同的数据类型。LabVIEW 会将每个记录作为含有待保存数据的簇写入该文件。每个数据记录可由任何数据类型组成，并可在建该文件时确定数据类型。

数据记录文件操作函数位于"函数"→"编程"→"文件 I/O"→"高级文件函数"→"数据记录"子选板上，如图 8.23 所示。

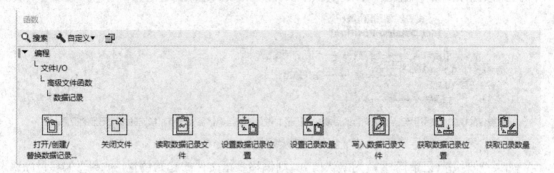

图 8.23 数据记录文件函数

1. 写入数据记录文件

写入数据记录文件 VI 的图标及端口如图 8.24 所示，函数将"记录"写入由"引用句柄"指定的已打开的数据记录文件，文件尾即是写入的起始位置。其中，"记录"包含要写入数据记录文件的数据记录。记录必须是匹配记录类型(打开或创建文件时指定)的数据类型，或者是该记录类型的数组。

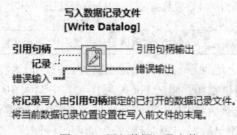

图 8.24 写入数据记录文件

2. 读取数据记录文件

读取数据记录文件 VI 的功能是读取由"引用句柄"所指定的数据记录文件的记录并将记录在"记录"中返回，如图 8.25 所示。当前的数据记录位置是读取的起始位置。其中，"总数"是要读取的数据记录的数量，VI 将在记录中返回总数数据元素，如果到达文件结尾，则返回已经读取的全部完整的数据元素和文件结尾错误。

图 8.25 读取数据记录文件

3. 设置数据记录位置

设置数据记录位置 VI 的图标及端口如图 8.26 所示，该 VI 的作用是在文件存储时指定数据存储位置，其中，"自"端口和"偏移量(记录)"端口相配合，可以将引用句柄指定文件的当前数据记录的位置移动至偏移量(字节)指定的数据记录的位置。

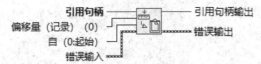

依据自的模式，使**引用句柄**指定文件的当前数据记录的位置移动至**偏移量 (字节)** 指定的数据记录的位置。

图 8.26　设置数据记录位置函数

如果"偏移量(记录)"端口为默认值 0，则偏移量指文件的起始位置。如果"偏移量(记录)"端口没有连线，则"偏移量(记录)"端口为默认值 0，"自"端口的默认值为 2，则操作将从当前的数据记录处开始。操作接线端口值及其对应的含义如表 8-1 所示。

表 8-1　操作接线端口值及其对应的含义

整数值	含　义
0	start：在文件起始处设置数据记录位置偏移量记录。若"自"端口为 0，则"偏移量(记录)"应为正
1	end：在文件结尾处设置数据记录位置偏移量(记录)。若"自"端口为 1，则"偏移量(记录)"应为负
2	current：在当前文件记录处设置数据记录位置偏移量(记录)

【例 8.5】下面将 10 个记录簇写入数据记录文件，每个记录将包含一个 ID 字符串和一个 100 个随机数组成的随机数组，通过 For 循环往文件中写入 10 次，再通过数据记录文件将数据记录读取并显示出来。如图 8.27 所示，分别为写入数据记录文件"数据记录文件.dat"和读取数据记录文件"数据记录文件.dat"的程序框图。

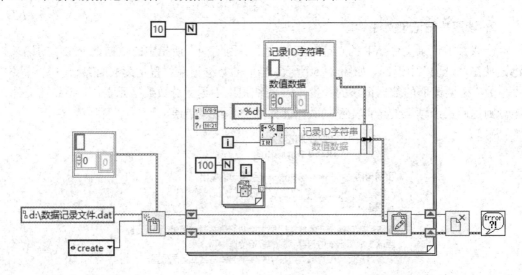

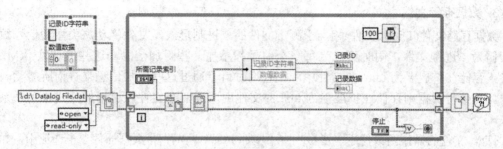

图 8.27 写入和读取数据记录文件

8.7 其他文件类型

1. 压缩文件

在 LabVIEW 中，Zip VI 用于创建新的 Zip 文件、将文件添加到 Zip 文件、解压缩 Zip 文件以及关闭 Zip 文件。压缩函数位于 "函数" → "编程" → "文件 I/O" → Zip 子选板中，如图 8.28 所示。

图 8.28 Zip 函数

2. XML 文件

LabVIEW 处理 XML 文件有两种模式：一种是 LabVIEW 模式；另一种是 XML 解析器模式。其中，LabVIEW 模式用于操作 XML 格式的 LabVIEW 数据，而 XML 解析器模式则是通过 XML 解析器处理 XML 文档。相应的函数和 VI 分别位于 "编程" → "文件 I/O" → "XML" → "LabVIEW 模式" 和 "XML 解析器" 文件夹中，如图 8.29 所示。

图 8.29 XML 文件函数

3. 数据存储文件

数据存储文件(TDM 文件)相当于测量文件的二进制形式，文件将动态类型的信号数据存储为二进制文件，同时可以为每一个信号都添加一些附加信息，这些信息以 XML 的格式存储在扩展名为.tdm 的文件中，在查询时可以通过这些附加信息来查询所需要的数据。而信号数据则存储在扩展名为.tdx 的文件中，这两个文件以引用的方式自动联系起来。

TDM 文件的操作函数位于"函数"→"文件 I/O"→"存储/数据插件"子选板中，如图 8.30 所示。其文件操作函数均为 Express VI，因此会弹出配置对话框方便用户配置。

图 8.30　TDM 文件函数

4. 高级文件 I/O 函数

高级文件操作用来完成一些目录、文件大小和路径等操作，位于"函数"→"编程"→"文件 I/O"→"高级文件函数"子选板中，如图 8.31 所示。此子选板包含了许多对文件的特殊操作函数，如获取文件的信息、删除文件等操作。

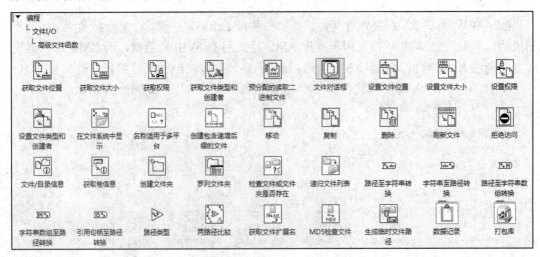

图 8.31　高级文件函数

习 题

1. 编写程序，要求将"我爱中国"存储为文本文件，然后读取该文本文件。

2. 编写程序，要求将产生的 5 行 3 列随机数存储为电子表格文件，然后编写读取电子表格文件程序，要求只显示电子表格文件中第二行以后的数据。

3. 编写程序，要求将正弦信号产生 1000 个点存储为二进制文件，然后读取该文件，并用波形图显示出来。

4. 在计算机的 D 盘创建 test 文件夹，用来存放文件名为 write 的文本文件，然后循环写入字符串 LabVIEW 2017。

5. 文本文件与二进制文件的主要区别是什么？各自有什么优缺点？

6. 数据记录文件、XML 文件、配置文件、波形文件、TDMS 文件分别属于文本文件还是二进制文件？

7. 产生若干周期的正弦波数据，以当前系统日期和自己的名字为文件名，分别存储为文本文件、二进制文件和电子表格文件。

第 9 章　数据采集与信号处理

在测试、测量及工业自动化等领域中，都需要进行数据采集，而基于 LabVIEW 设计的虚拟仪器主要用于获取物理世界的数据并进行数据分析与呈现，因此就要用到数据采集技术(DAQ-Data Acquisition)。DAQ 技术是 LabVIEW 的核心技术，LabVIEW 中提供的丰富的数据采集软件资源，可令其在测试、测量领域发挥强大的功能。本章将主要介绍 LabVIEW 的数据采集和信号处理功能。

9.1　数据采集基础

9.1.1　信号类型

信号根据运载信息的方式不同，分为模拟信号和数字信号。模拟信号有直流、时域、频域信号，而数字(二进制)信号分为开关信号和脉冲信号两种，如图 9.1 所示。

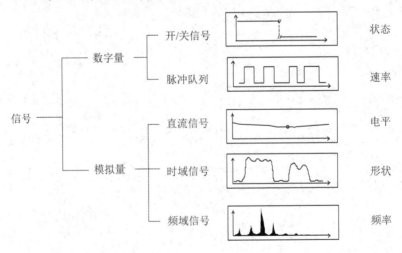

图 9.1　信号类型

1. 数字信号

数字信号分为开关信号和脉冲信号两类。开关信号运载的信息与信号的即时状态信息有关。开关信号的一个实例就是 TTL 信号，一个 TTL 信号的电平如果为 2.0～2.5 V，就定义为逻辑高电平，如果为 0～0.8 V，就定义为逻辑低电平。

脉冲信号由一系列的状态转换组成，包含在其中的信息由状态转换数目、转换速率、一个转换间隔或多个转换间隔的时间表示，如一个步进电动机需要用一系列的数字脉冲作为输入来控制位置和速度。

2. 模拟直流信号

模拟直流信号是静止的或者随时间变化而非常缓慢变化的模拟信号。常见的直流信号有温度、流速、压力、应变等。由于模拟直流信号是静止或缓慢变化的，因此测量时更应注重于测量电平的精确度，而并非测量速率。采集系统在采集模拟直流信号时需要有足够的精度，以正确测量信号电平。

3. 模拟时域信号

模拟时域信号运载的信息不仅包含信号的电平，还包含电平随时间的变化。测量一个时域信号时，需要关注一些与波形形状相关的特性，如斜率、峰值、到达峰值的时刻和下降时刻等。

为了测量某个时域信号，必须有一个精确的时间序列以及合适的时间间隔，以保证采集到信号的有用部分。另外，还要有合适的测量速率，这个测量速率能跟上波形的变化。用于测量时域信号的采集系统通常包括 A/D 转换器、采样时钟和触发器。A/D 转换器要具有高分辨率，以保证采集数据的精度，有足够高的带宽用于高速率采样；精确的采样时钟，用于保证精确的时间间隔采样；而触发器使测量在恰当的时间开始。日常生活中存在许多不同形式的时域信号，如视频信号、心脏跳动信号等。

4. 模拟频域信号

模拟频域信号与时域信号类似，都是描述模拟信号的特性。然而，从频域信号中提取的信息是基于信号的频域内容，而不是波形的形状，也不是随时间变化的特性。一个用于测量频域信号的系统必须有 A/D 转换器、采样时钟和用于精确捕捉波形的触发器。另外，系统必须有必要的分析功能，用于从信号中提取频域信息。为了实现这样的数字信号处理，可以使用应用软件或特殊的 DSP 硬件实现。

另外上述几种信号并不是互相排斥的，一个特定的信号可能包含多种信息，因此有时可以用多种方式定义和测量信号，用不同类型的系统测量同一个信号，并从信号中提取需要的各种信息。

9.1.2　奈奎斯特采样定理

自然界中的物理量多数是时间、幅值上连续变化的模拟量，而信息处理多是以数字信号的形式由计算机完成的。所以，信息处理的必要过程是将模拟信号变为数字信号，该过程的第一步是对模拟信号进行采样。

假设连续信号 $x(t)$ 的带宽有限，其最高频率为 f_c，对 $x(t)$ 采样时，若保证采样频率 $f_s \geqslant 2f_c$，即可由采样后的数字信号 $x(nT_s)$ 还原出原始信号 $x(t)$，此基本原则称为奈奎斯特采样定理。如果采样频率 $f_s < 2f_c$，则通过采样后的数字信号无法重构还原信号，称为欠采样。图 9.2 所示为足够采样率下的采样结果和欠采样的采样结果。

根据奈奎斯特采样定理，$f_s \geqslant 2f_c$，工程上 f_s 一般为 f_c 的 6～8 倍。

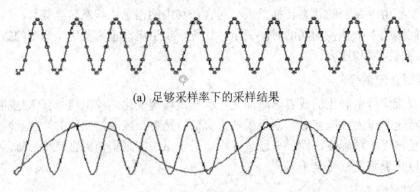

(a) 足够采样率下的采样结果

(b) 欠采样的采样结果

图 9.2　足够采样率下的采样结果和欠采样的采样结果

9.1.3　数据采集系统

一个完整的基于 PC 的数据采集系统如图 9.3 所示，包括传感器、信号调理、数据采集卡、PC 和软件。

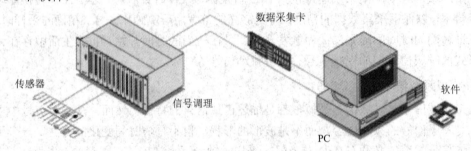

图 9.3　典型数据采集系统

数据采集系统各部分的组成如下：

(1) 传感器：感应被测对象的状态变化，并将其转化成可测量的电信号。例如热电阻传感器、压力传感器可以测量温度和压力，并产生与温度和压力成比例的电信号。

(2) 信号调理：联系传感器与数据采集设备的桥梁，主要包括放大、滤波、隔离、激励、线性化等：其作用是对传感器输出的电信号进行加工和处理，转换成便于传输、显示和记录的电信号。

(3) 数据采集卡：实现数据采集功能的计算机扩展卡。一个典型的数据采集卡的功能有模拟输入、模拟输出、数字 I/O、计数器/计时器等。通常，数据采集卡都有自己的驱动程序。

(4) PC 机和软件：软件使 PC 和数据采集卡形成一个完整的数据采集、分析和显示系统。

9.2　数　据　采　集　卡

一个典型的数据采集卡的功能有模拟输入、模拟输出、数字 I/O、计数器 / 计时器等，这些功能分别由相应的电路来实现。

9.2.1　数据采集卡的选择

在选择数据采集卡时，主要考虑的是根据需求选取合适的数据分辨率、采样速度、通道数、总线标准等适当的总线形式、采样速度、输入/输出等，达到既能满足工作要求，又能节省成本的目的。

1. 数据分辨率和精度

分辨率可以用 ADC/DAC(模数/数模转换)的位数来衡量。ADC/DAC 的位数越多，分辨率就越高，可区分的最小电压就越小。当分辨率足够高时，数字化信号才能有足够的电压分辨能力，从而较好地恢复原始信号。

在组建测试系统时，对测量结果要有一个精度指标。这个精度要从系统的整体考虑，不仅要考虑 A/D 转换的精度，还要考虑到传感器、信号调制电路及计算机数据处理等各部分的误差，要根据实际情况确定对数据采集卡的精度要求。

数据采集卡的分辨率往往高于其精度，分辨率等于一个量化单位，和 A/D 转换器的位数直接相关，而精度包含了分辨率、零位误差等各种误差因素。一般 A/D 转换器的分辨率优于精度一个数量级或按二进制来说高出 2~4 位比较合适。

2. 最高采样速率

数据采集卡的最高采集速率一般用最高采样频率来表示，它表示其单通道采样能使用的最高采样频率，这也就限制了该数据采集卡能够处理信号的最高频率。如果要进行多通道采样，则每通道能够达到的采样率是最高采样频率除以通道数，所以在考虑这个指标时，首先要明确测试信号的最高频率及需要同时采样的通道数。

3. 通道数

根据测试任务确定满足要求的通道数，选择具有足够数量的模拟输入/输出、数字输入/输出端口的数据采集卡。

4. 总线标准

数据采集硬件设备分为内插式和外挂式。内插式 DAQ 板卡包括基于 PCI、PXI/Compact CPI、PCMCIA 等各种计算机内总线的板卡。外挂式板卡则包括 USB、IEEE1394、RS-232/RS-485 和并口板卡。内插式 DAQ 板卡速度快，但插拔不方便；外挂式 DAQ 板卡连接使用方便，但速度相对较慢。选择总线方式时，应该根据数据采集设备、计算机的支持类型和系统数据传输特点选择恰当的方式。

5. 是否隔离

工作在强电磁干扰环境中的数据采集系统，选择具有隔离配置的数据采集卡，对于保证数据采集的可靠性是非常重要的。

6. 支持的软件驱动程序及其软件平台

数据采集卡能在什么环境下使用、是否有良好的驱动程序，也是选择数据采集卡的重要因素。数据采集卡相关软件除了与现有测试系统兼容外，还应考虑更广泛的兼容性和灵活性，以备在其他任务或系统中也能使用。

　　数据采集卡的选择还应该考虑输入信号的电压范围、增益、非线性误差等一些常用指标。

　　数据采集卡的性能优劣对于整个系统举足轻重。选购时不但要考虑价格，还要综合考虑、比较其质量、软件支持能力、后续开发和服务能力等。

9.2.2　数据采集卡的配置

　　在使用 LabVIEW 进行 DAQ 编程之前，首先要安装 DAQ 硬件，将其与计算机相连，然后在计算机上安装 DAQ 驱动程序，即 NI-DAQmx，并进行必要的配置。安装与配置数据采集卡的步骤如图 9.4 所示。

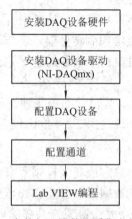

图 9.4　安装与配置数据采集卡的步骤

　　下面以 NI 公司生产的 PCI-6221 多功能数据采集卡为例，说明基于 DAQ 系统的数据采集卡的配置。PCI-6221 具有 16 路单端接地或 8 路差分的模拟输入通道，16 位的分辨率，最高采样率为 250 KS/s，最大电压范围为-10～+10V，具有 2 路模拟输出、24 条数字 I/O 线、32 位计数器。PCI-6221 共有 68 个接线端子，如图 9.5 所示。

图 9.5　PCI-6221 多功能数据采集卡及配件

　　连接好附件后，安装 NI 设备驱动程序 NI-DAQmx(最新版的 NI-DAQmx 可从 NI 网站上下载)，即完成了安装工作。

1. 数据采集卡的测试

　　安装 NI-DAQmx 或 LabVIEW 软件时，系统会自动安装 Measurement & Automation Explorer(测量与自动化资源浏览器，简称 MAX)软件，该软件用于管理和配置硬件设备。运行 MAX，在弹出的窗口左侧"配置"管理树中展开"我的系统"→"设备和接口"，如果数据采集卡的安装无误，则在"设备和接口"节点下将出现"NI PCI-6221"的节点，如图 9.6 所示。

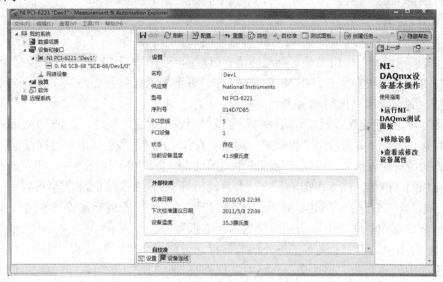

图 9.6　MAX 配置与管理对话框

选中"NI PCI-6221"节点，窗口右侧将列出数据采集卡的设置信息，如序列号、PCI 总线及校准信息等，同时通过该节点右键菜单或右侧窗口上部的快捷菜单按钮还可以进行数据采集卡的自检、测试面板、重启设备、创建任务、配置 TEDS、设备引脚、校准等操作。通过选择"自检"命令，让设备进行自检，自检完成后会显示"自检成功完成"信息。如果需要进行详细测试，选择"测试面板"，即可打开如图 9.7 所示的测试面板窗口。

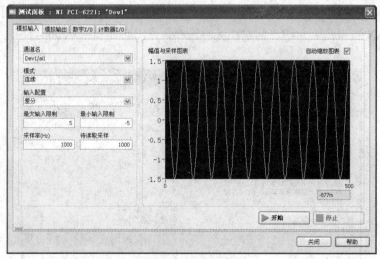

图 9.7　测试面板

在测试面板上选择"模拟输入"选项卡，如图 9.7 所示。选择通道名 Devl/ai1，即使用 PCI-6221 的模拟输入 1 通道，测量信号从端口 33、66 采用差分方式输入频率为 20 Hz、幅值为 1.5 V 的正弦信号，单击"开始"按钮，数据采集卡模拟输入 1 通道采集到该信号并显示于图表窗口。模拟输出、数字 I/O、计数器 I/O 的测试与模拟输入的测试类似。

2. 采集卡的任务配置

进行数据采集卡配置时，会用到以下几个有关采集的基本概念：

(1) 物理通道：采集和产生信号的接线端或管脚。支持 NI-DAQmx 的设备上的每个物理通道具有唯一的名称，它由设备号和通道号两部分组成。

(2) 虚拟通道：一个由名称、物理通道、I/O 端口连接方式、测量或产生信号类型以及标定信息等组成的设置集合。在 NI-DAQmx 中，每个测量任务都必须配置虚拟通道，虚拟通道被整合到每一次具体的测量中。

(3) 任务：带有定时、触发等属性的一个或多个虚拟通道的集合，是 NI-DAQmx 中一个重要的概念。一个任务表示用户想做的一次测量或者一次信号发生，用户可以设置和保存一个任务里的所有配置信息，并在应用程序中使用这个任务。在一个任务中，所有通道的 I/O 类型必须相同，例如，同为模拟输入或计数器输出等，但是通道的测量类型可以不一样。

(4) 局部虚拟通道：在 NI-DAQmx 中，用户可以将虚拟通道配置成任务的一部分或者与任务分离，创建于任务内部的通道称为局部虚拟通道。

(5) 全局虚拟通道：定义于任务外部的虚拟通道称为全局虚拟通道。用户可以在 MAX 或应用程序中创建全局虚拟通道，然后将其保存在 MAX 中，也可以在任意的应用程序中使用全局虚拟通道或者把它们添加到许多不同的任务中。如果用户修改了一个全局虚拟通道，这个改变将会影响所有引用该全局虚拟通道的任务。一个全局虚拟通道只是引用了物理通道，并没有包含定时或触发功能，它可以被许多任务包含和引用，而对于一个任务，它是一个独立的实体，不能被其他任务包含或引用。

利用数据采集卡实现数据采集时，需要首先配置任务。在 MAX 中配置一个模拟输入电压采集的任务，方法如下：

(1) 在 MAX 主窗口左侧的配置树中选择"设备和接口"→"NI PCI-6221 'Dev1'"，然后单击 MAX 窗口右上角的"创建任务"选项，弹出新建 NI-DAQmx 任务对话框，如图 9.8 所示。

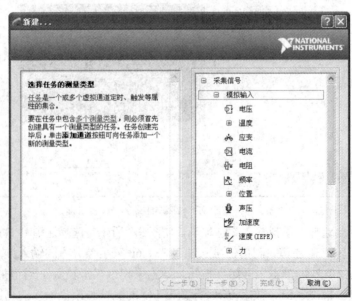

图 9.8　新建 NI-DAQmx 任务窗口

　　(2) 选择"模拟输入"→"电压",对话框将切换为"物理通道"选择界面,在界面上选择一个信号输入的物理通道,如"ai0",表明要采集从 ai0 输入的模拟信号,如图 9.9 所示。然后单击"下一步"按钮进入任务名定义界面,在界面对应文本输入框中输入要指定的任务名称,如默认值为"我的电压任务",单击"完成"按钮就完成了一个模拟输入电压测量任务的创建。

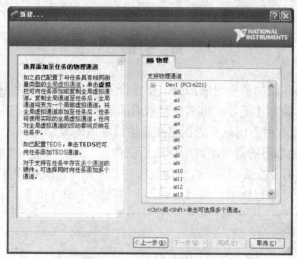

图 9.9　创建一个本地通道

　　(3) 在 MAX 主窗口左侧配置树的"数据邻居"中选定创建好的任务节点,在右侧窗口中合理配置各种参数后,单击"运行"按钮,则输入信号采集结果显示在窗口右侧上部的图表中,如图 9.10 所示。另外,在窗口中还可以给任务添加新的通道,以实现多个测量。

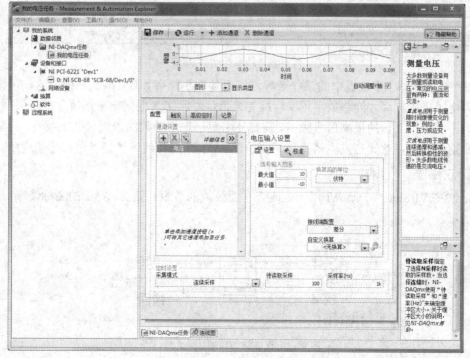

图 9.10　任务配置及运行后的界面

(4) 单击"保存"按钮可以对任务进行保存，保存后可以在其他应用程序中使用。

任务配置还可采用其他方法，如通过"DAQ 助手"来创建和配置任务；在应用编程中创建及配置任务，如通过前面板控件对象"DAQmx 任务名"和程序框图中的常量"DAQmx 任务名"的右键快捷菜单"新建 NI-DAQmx 任务"→MAX 选项，也可以创建并在 MAX 中保存 NI-DAQmx 任务。

9.3　信　号　的　产　生

信号产生是仪器系统的重要组成部分，要评价任意一个网络或系统的特性，必须外加一定的测试信号，其性能才能显示出来。最常用的测试信号有正弦波、三角波、方波、锯齿波、噪声波及多频波(由不同频率的正弦波叠加而形成的波形)等。

LabVIEW 将各种常用的信号函数制作成正弦信号、三角信号、均匀白噪声等各种仿真信号波形模块，供使用者直接调用。这些功能模块都是用来产生指定波形的一维数组。"信号生成"子选板位于函数选板的"信号处理"→"信号生成"中，如图 9.11 所示。

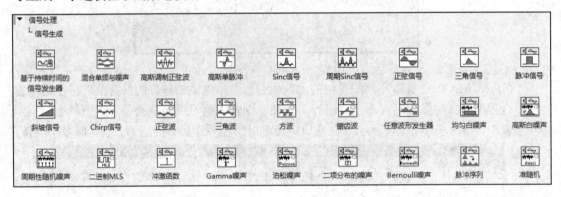

图 9.11　信号生成子选板

在"信号生成"子选板中的某些函数需要用到数字频率参数，因此在使用这些函数时，只有确定了采样频率才能将数字频率转换为模拟信号频率。根据奈奎斯特定理，采样频率必须大于或等于 2 倍的最高信号频率。需要使用数字频率参数的函数包括正弦波、三角波、方波、锯齿波、任意波形发生器等。下面通过 3 个 VI 对如何产生信号进行举例说明。

1. 正弦波

正弦波 VI(Sine Wave. Vi)用于生成含有正弦波的数组。正弦波 VI 的图标及端口如图 9.12 所示。

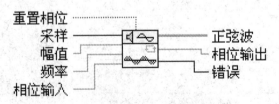

图 9.12　正弦波 VI 的图标及端口

图 9.12 中各端口的含义如下：

(1) 重置相位：确定正弦波的初始相位，默认值为 True。此时"相位输入"端口的输入值为正弦波的初始相位。如果该端口设置为 False，LabVIEW 将设置正弦波的初始相位为上一次 VI 执行时相位输出的值。

(2) 采样：正弦波的采样点数，默认值为 128。

(3) 幅值：正弦波的幅值，默认值为 1.0。

(4) 频率：正弦波的数字频率，单位为周期/采样的归一化单位。默认值为 1 周期/128 采样或 7.8125e-3 周期/采样。

(5) 相位输入：重置相位的值为 True 时正弦波的初始相位，以度为单位。

(6) 正弦波：输出的正弦波序列值。

(7) 位输出：正弦波下一个采样的相位，以度为单位。

(8) 错误：返回 VI 的任意错误或警告。

【例 9.1】　利用正弦波 VI 产生 1000 个点的正弦波，如图 9.13 所示。

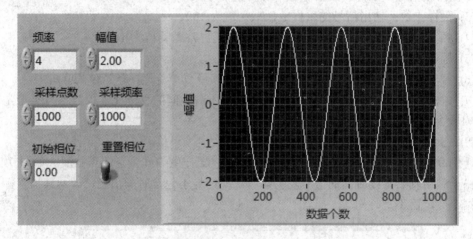

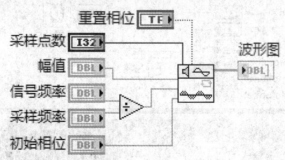

图 9.13　产生 1000 个采样点的正弦波应用

在程序框图中，利用信号频率与采样频率转换为数字频率，然后连接至 Sine Wave.vi 的频率端口，以实现对输出信号的频率控制。由于正弦波 VI 产生的信号不包含时间信息，因此其横坐标索引是数据个数，而不是时间。

2. 基于持续时间的信号发生器

如图 9.14 所示的 VI 用于根据信号类型指定的形状生成信号。

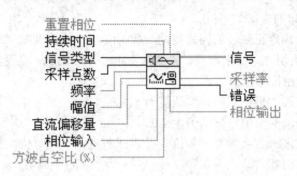

图 9.14　基于持续时间的信号发生器 VI 图标及端口

图 9.14 中各端口的含义如下：

(1) 持续时间：生成的输出信号的持续时间，以秒(s)为单位，默认为 1.0 s。

(2) 信号类型：设定生成信号的类型，包括正弦信号、余弦信号、三角波信号、方波信号、锯齿波信号、上升斜波信号、下降斜波信号。

(3) 采样点数：输出信号的采样数，默认值为 100。

(4) 频率：输出信号的频率，以赫兹(Hz)为单位，默认值为 10。

(5) 幅值：输出信号的幅值，默认值为 1.0。

(6) 直流偏移量：生成的输出信号的常数偏移量或直流值，默认值为 0。

(7) 方波占空比：方波在一个周期内高电平所占时间的百分比。仅当信号类型是方波时，VI 使用该参数，默认值为 50。

(8) 相位输出：正弦波下一个采样的相位，以度为单位。

【例 9.2】　不同于例 9.1，此例中用信号发生器产生 100 个点的正弦波。如图 9.15 所示，由于利用基于持续时间的信号发生器产生的信号不包含时间信息，因此其横坐标索引是数据个数，而不是时间。

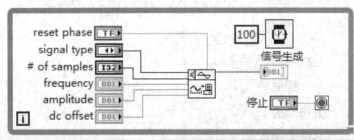

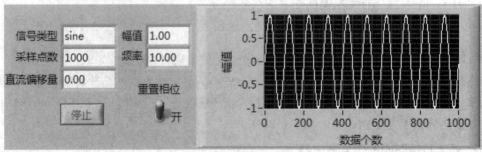

图 9.15　基于持续时间的信号发生器产生正弦波的应用

3. 均匀白噪声

如图 9.16 所示的 VI 生成均匀分布的伪随机波形，值为[-a:a](a 是幅值的绝对值)。

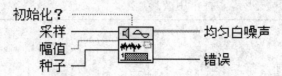

图 9.16　均匀白噪声 VI 的图标及端口

图 9.16 中各端口的含义如下：

(1) 初始化？：可控制噪声采样发生器更换种子值。LabVIEW 保存该 VI 的内部种子状态。如"初始化？"为 True，VI 将通过种子更新内部种子状态。若"初始化？"为 False，VI 将继续先前生成的噪声序列，继续生成噪声采样，默认值为 True。

(2) 采样：均匀白噪声的采样数。采样必须大于或等于 0，默认值为 128。

(3) 幅值：均匀白噪声的幅值，默认值为 1.0。

(4) 种子：用来确定"初始化？"的值为 True 时，如何生成内部种子状态。如种子大于 0，VI 将通过种子生成内部状态。如种子小于或等于 0，VI 将通过随机数生成内部状态。如"初始化？"为 False，VI 将忽略种子，默认值为−1。

(5) 均匀白噪声：包含均匀分布的伪随机信号。

【例 9.3】　下面是产生 500 个点的均匀分布的白噪声，如图 9.17 所示。

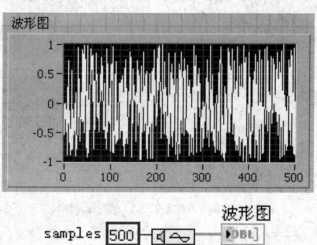

图 9.17　产生均匀分布的白噪声示例

9.4　波　形　生　成

信号生成函数产生的仅仅是指定波形的一维数组，波形生成函数产生的是波形数据。波形数据除包含有一维数组 Y 分量外，还包含采样信息，如初始时间 t_0、时间间隔 dt。显然，波形数据是簇数据。LabVIEW 在函数选板的"信号处理"→"编程"→"波形"→"模拟波形"子选板下都提供"波形生成"子选板，如图 9.18 所示。该选板能够产生正弦波形、方波波形、均匀白噪声波形等多种常用波形。

图 9.18　"波形生成"子选板

下面通过实例对几个波形生成 VI 进行介绍。

1. 基本函数发生器

基本函数发生器 VI 的图标及端口如图 9.19 所示，该 VI 可以根据指定的信号类型，生成正弦波、三角波、方波和锯齿波 4 种波形信号。

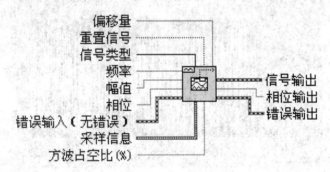

图 9.19　基本函数发生器 VI 的图标及端口

图 9.19 中各端口的含义如下：

(1) 偏移量：指定信号的直流偏移量，默认值为 0.0。

(2) 重置信号：假如值为 True，相位可重置为相位控件的值，时间标识可重置为 0，默认值为 False。

(3) 信号类型：要生成的波形的类型，包括正弦波、三角波、方波和锯齿波 4 种选项。

(4) 频率：波形频率，以赫兹(Hz)为单位，默认值为 10。

(5) 幅值：波形的幅值，默认值为 1.0。

(6) 相位：波形的初始相位，以度为单位，默认值为 0。如"重置信号"为 False，则 VI 忽略相位。

(7) 错误输入：表明该节点运行前发生的错误条件。该输入提供标准错误输入。

(8) 采样信息：包含采样信息，其中 Fs 是每秒采样率，默认值为 1000;#s 是波形的样数，默认值为 1000。

(9) 方波占空比(%)：方波在一个周期内高电平所占时间的百分比，仅当"信号类型"是方波时，VI 使用该参数，默认值为 50%。

(10) 信号输出：生成的波形。

(11) 相位输出：波形的相位，以度(°)为单位。

(12) 错误输出：包含错误信息，该输出提供标准错误输出。

【例 9.4】 图 9.20 为基本函数发生器 VI 应用示例。通过前面板的参数设置选项，可以选定输出信号的类型并设置输出信号的频率、幅值、相位等信息。运行该实例，当"重置信号"设为"关"(False)时，时间会不停变化，频率不是整数时，相位也一直变化。当"重置信号"设为"开"(True)时，每次循环时间标识不变，相位也不变。

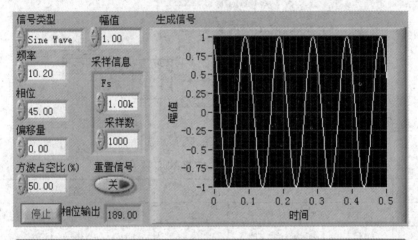

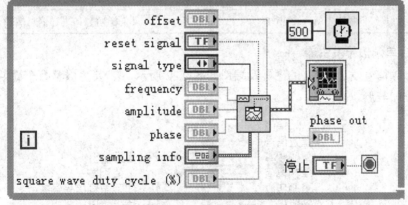

图 9.20 基本函数发生器 VI 应用

2. 公式波形

公式波形 VI 的图标及端口如图 9.21 所示，该 VI 通过"公式"字符串指定要使用的时间函数，创建输出波形。通过该 VI 可以输出能用公式描述的任意波形。其中"公式"端口是用于生成信号输出波形的表达式，默认值为 $\sin(\omega t) \times \sin(2pi(1)t)$，其中 $\omega = 2pif$。表 9.1 列出了已定义的变量名称。

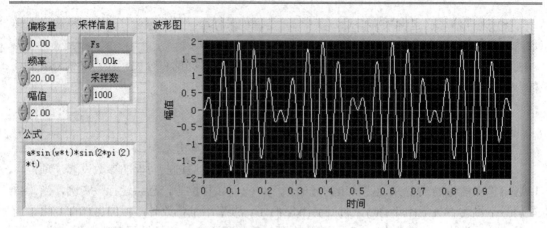

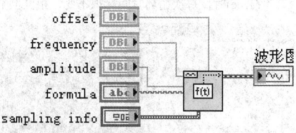

图 9.21　公式波形 VI 应用实例

表 9.1　波形表达式定义的变量及含义

变量	名称及含义	变量	名称及含义
f	频率，输入端输入的频率	n	采样数，目前生成的采样数
a	幅值，输入端输入的幅值	t	时间，已运行的秒数
ω	角频率，等于 2*pi*f	F_s	采样信息，采样信息端输入的 Fs

3. 混合单频信号发生器

混合单频信号发生器 VI 的图标及端口如图 9.22 所示，该 VI 生成整数个周期的单频正弦信号的叠加波形。

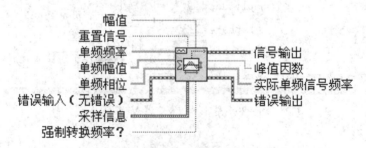

图 9.22　混合单频信号发生器 VI 的图标及端口

图 9.22 中各端口的含义如下：

(1) 幅值：合成波形的幅值，它是所有单频的缩放标准，即波形的最大绝对值，默认值为-1，不进行缩放。输出波形至模拟输出通道时，可使用幅值，如果硬件可输出的最大值为 5 V，可设置幅值为 5，如果幅值小于 0，则不进行缩放。

（2）单频频率：由单频频率组成的数组，数组的大小必须匹配单频幅值数组和单频相位数组的大小。

（3）单频幅值：该数组的元素为单频的幅值，数组的大小必须匹配单频频率数组和单频相位数组的大小。

（4）单频相位：由单频相位组成的数组，以度（°）为单位。数组的大小必须匹配单频频率数组和单频幅值数组的大小。

（5）强制转换频率？：当其值为 True 时，指定的单频频率将被转换为 Fs/n 最近整数倍。

（6）峰值因数：信号输出的峰值电压和均方根电压的比。

（7）实际单频信号频率：如果"强制转换频率？"的值为 True，则值为执行强制转换和 Nyquist 标准后的单频频率。

【例 9.5】 混合单频信号发生器的应用实例如图 9.23 所示。混合信号由 3 个不同信号组成，频率分别为 10 Hz、20.9 Hz 和 30 Hz，幅值分别为 4.0 V、1.0 V 与 2.0 V。

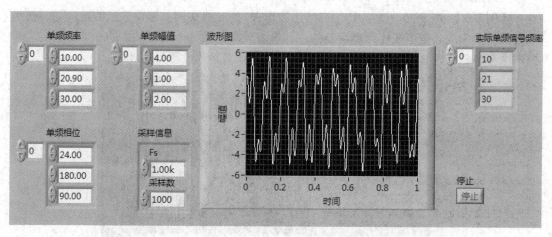

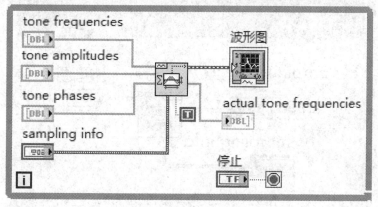

图 9.23　混合单频信号发生器应用实例

4. 均匀白噪声波形

均匀白噪声波形 VI 的图标及端口如图 9.24 所示，该 VI 用来生成均匀分布、值为[-a:a]（a 是幅值的绝对值）的伪随机波形。

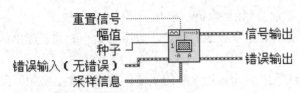

图 9.24　均匀白噪声波形 V1 的图标及端口

图 9.24 中各端口的含义如下：

(1) 重置信号：如果值为 True，种子可重置为种子控件的值，时间标识重置为 0，默认值为 False。

(2) 幅值：信号输出的最大绝对值，默认值为 1.0。

(3) 种子：大于 0 时，可使噪声采样发生器更换种子，默认值为−1。LabVIEW 为重入 VI 的每个实例单独保存内部的种子状态。对于 VI 的每个特定实例，如 "种子" 小于等于 0，LabVIEW 不更换噪声发生器的种子，噪声发生器可继续生成噪声的采样，作为之前噪声序列的延续。

【例 9.6】　图 9.25 所示为均匀白噪声波形 VI 的应用实例。值得注意的是，均匀白噪声波形的频率成分是由采样频率决定的，其最高频率分量等于采样频率的一半。因此，若想产生频率范围为 0～5 kHz 的均匀白噪声，采样频率必须设置为 10 kHz。

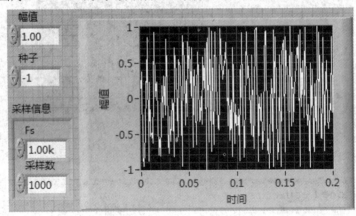

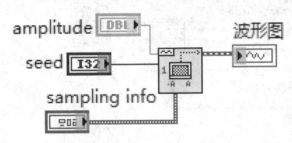

图 9.25　均匀白噪声波形应用示例

5. 信号合成

若所需信号比较复杂，可将多种波形发生器所生成的波形合成来实现。需要注意的是，各个信号合成时，应将它们的采样频率设为一致，保持时基相同的情况下进行信号合成。

【例 9.7】　图 9.26 所示为两路波形信号合成 VI 应用示例。

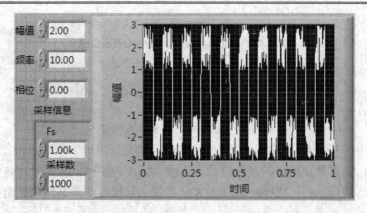

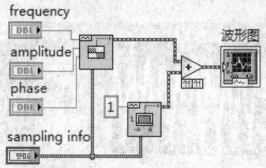

图 9.26　两路信号合成 VI 应用示例

9.5　信号的时域分析

信号时域分析是指在时间域内研究系统在输入信号作用下，其输出信号随时间的变化情况。由于时域分析是在时间域中对系统进行分析的方法，因此具有直观与准确的特点。

LabVIEW 提供的信号时域分析 VI 位于函数选板的"信号处理"→"信号运算"子选板，能够实现信号的卷积、相关、归一化等运算功能，如图 9.27 所示。

| 信号处理 |
| 信号运算 |

卷积	反卷积	自相关	互相关	自相关矩阵	Y[i]=X[i-n]	补零	展开相位	数字反序
降采样（单次）	降采样（连续）	升采样	有理分式重采样	重采样（常量至常量）	重采样（常量至变量）	单位向量	缩放	快速缩放
归一化	Y[i]=Clip(X[i])	重排数组元素	交流和直流分量	波峰检测	阈值检测	卷积和相关	缩放和映射	Z变换延迟节点

图 9.27　"信号运算"子选板

1. 自相关

自相关 VI 用来计算输入序列 X 的自相关。自相关 VI 的图标及端口如图 9.28 所示。

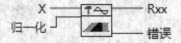

自相关
[NI_AALPro.lvlib:AutoCorrelation.vi]

图 9.28　自相关 VI 的图标及端口

【例 9.8】图 9.29 所示是对一个含有噪声信号进行周期性分析的示例。测试信号是正弦信号与均匀白噪声叠加而成的混合信号，当噪声幅度较小时，可以看出自相关函数衰减很慢且具有明显的周期性；当噪声幅度远大于正弦信号幅度时，从自相关函数中很难看出周期成分。

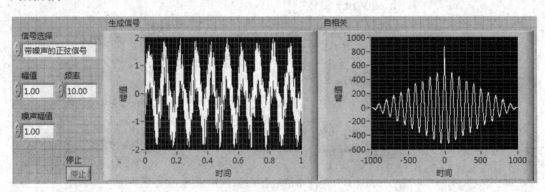

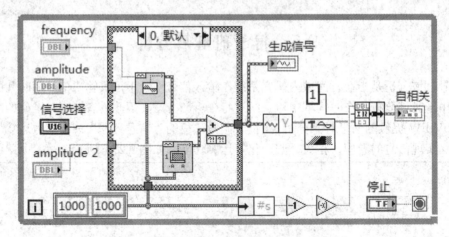

图 9.29　非周期性信号与周期性信号自相关图

2. 卷积

卷积 VI 计算输入序列 X 和 Y 的卷积，连接到输入端 X 和 Y 的数据类型决定了所使用的多态实例，能实现对一维信号和二维信号的卷积运算，其图标及端口如图 9.30 所示。其中"算法"输入端指定卷积的方法，当"算法"的值为"direct"时，VI 使用线性卷积的 direct 方法计算卷积；如果"算法"为"frequency domain"，VI 使用基于 FFT 的方法计算卷积。如果 X 和 Y 较小，direct 方法通常更快。如果 X 和 Y 较大，frequency domain 方法通常更快。

卷积
[NI_AALPro.lvlib:Convolution.vi]

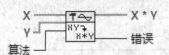

图 9.30　卷积 VI 的图标及端口和算法选项

【例 9.9】　图 9.31 所示是用二维卷积实现对图像信息边缘检测的应用示例。

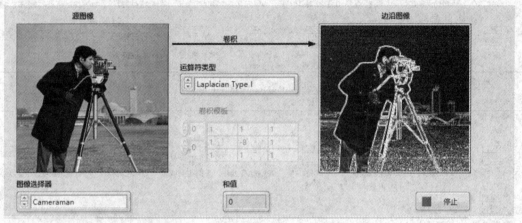

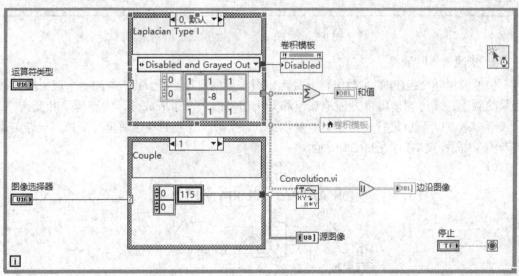

图 9.31　二维卷积用于边缘检测的应用实例

时域分析的 VI 还有缩放和映射等，缩放和映射 Express.VI 用于通过缩放和映射信号，改变信号的幅值。

9.6　信号的频域分析

在进行数字信号处理时，除了进行时域分析外，常常需要对信号进行频域分析。

LabVIEW 中提供了大量的 VI 用于信号的频域分析，它们位于两个子选板中。一个是"信号处理"→"变换"子选板，主要实现信号的傅里叶变换、希尔伯特变换、小波变换等，如图 9.32 所示。另一个是"信号处理"→"谱分析"子选板，主要实现对信号的功率谱分析，包括自功率谱、幅度谱和相位谱等，如图 9.33 所示。

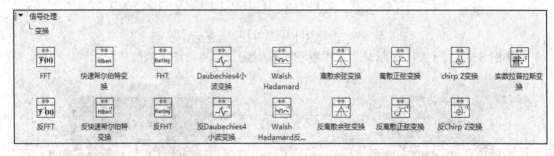

图 9.32　"变换"函数子选板

图 9.33　"谱分析"函数子选板

1. 快速傅里叶变换

快速傅里叶变换(FFT)是数字信号处理中最重要的变换之一，最基本的一个应用就计算信号的频谱，通过频谱可以方便地观察和分析信号的频率组成成分。快速傅里叶变换 VI 是一个多态 VI，可以进行一维实数、复数及二维实数、复数的快速傅里叶变换。一维实数 FFT 的 VI 图标及端口如图 9.34 所示。

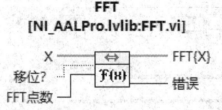

图 9.34　FFT VI 的图标及端口

FFT VI 用于计算输入序列 X 的 FFT。

X-输入序列；"移位？"指定 DC 元素是否位于 FFT{X}中心，默认值为 False；"FFT 点数"是要进行 FFT 的长度，如果"FFT 点数"大于 X 的元素数，VI 将在 X 的末尾添加 0，以匹配"FFT 点数"的大小；如果"FFT 点数"小于 X 的元素数，VI 只使用 X 中的前 n 个(n 是"FFT 点数"的值)元素进行 FFT；如果"FFT 点数"小于等于 0，VI 将使用 X 的长度作为 FFT 点数。

【例 9.10】　如图 9.35 所示为双边带傅里叶变换示例，实现了由两个不同频率正弦信号构成的混合信号的快速傅里叶变换。从图 9.35 可以看出，变换后的频谱中除了原有的频率 f 外，在 Fs-f 的位置也有对应的频率成分，这是由于 FFT.VI 计算得到的结果不仅包含正频率成分，还包含负频率成分，即双边带傅里叶变换。注意，当 f 大于采样率的一半时就会出现频谱混叠现象，因此，为了获得正确的频谱，采样时必须满足奈奎斯特采样定理，即 f<Fs/2。

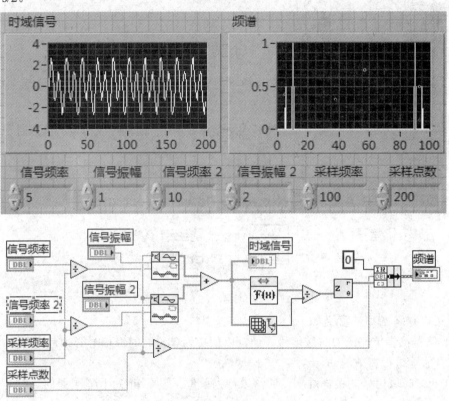

图 9.35　双边带傅里叶变换示例

【例 9.11】　如图 9.36 所示为单边带傅里叶变换示例，是在双边带 FFT 变换基础上取出 FFT 变换输出数组的一半，同时将幅度扩大一倍。

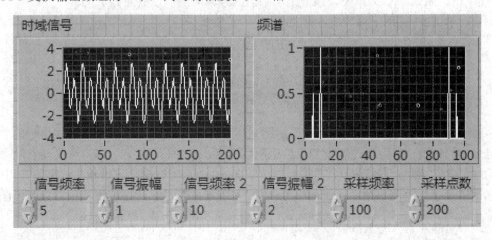

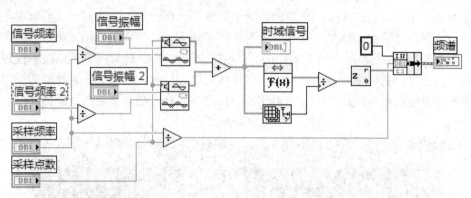

图 9.36　单边带傅里叶变换示例

2. 自功率谱

自功率谱 VI 的图标及端口如图 9.37 所示，该 VI 用于计算时域信号的单边且已缩放的自功率谱。

自功率谱
[NI_AALPro.lvlib:Auto Power Spectrum.vi]

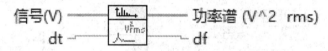

图 9.37　自功率谱 VI 的图标及端口

图 9.37 中各端口的含义如下：

(1) 信号：指定输入的时域信号，通常以伏特为单位。时域信号必须包含至少 3 个周期的信号才能进行有效的估计。

(2) dt：时域信号的采样周期，通常以秒为单位。设置 dt 为 $1/f_s$，f_s 是时域信号的采样频率。默认值为 1。

(3) 功率谱：返回单边功率谱。如输入信号以伏特为单位(V)，功率谱的单位为伏特—rms 平方($Vrms^2$)；如输入信号不是以伏特为单位，则功率谱的单位为输入信号单位—Vrms 平方。

(4) df：如 dt 以秒为单位，该值是功率谱的频率间隔，以赫兹为单位。

自功率谱 VI 使用下列等式计算功率谱：

$$功率谱 = \frac{FFT^*(信号) \times FFT(信号)}{n^2}$$

其中，n 是信号中点的个数，*表示复共轭。该 VI 可使功率谱转换为单边功率谱。

3. 幅度谱和相位谱

幅度谱和相位谱 VI 的图标及端口如图 9.38 所示，该 VI 用于计算实数时域信号的单边且已缩放的幅度谱，并通过幅度和相位返回幅度谱。其中信号、dt、端口含义与自功率谱中的端口含义相同。"展开相位"的默认值为 True，表示对输出幅度谱相位启用展开相位；"幅度谱大小"返回单边功率谱的幅度；"幅度谱相位"是单边幅度谱相位，以弧度(rad)为单位。

幅度谱和相位谱
[NI_AALPro.lvlib:Amplitude and Phase Spectrum.vi]

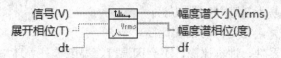

图 9.38　幅度谱和相位谱 VI 的图标及端口

幅度谱的计算公式为

$$A(i) = \sqrt{2}\,\frac{x(i)}{n},\ i = 1, 2, \cdots, \left[\frac{n}{2} - 1\right]$$

其中，X 是信号的离散傅里叶变换，n 是信号的点数。

【例 9.12】　图 9.39 给出了一个频率为 200 Hz、幅值为 1 V 的正弦波形的自功率谱、功率谱、幅度谱与相位谱。显然，输入信号相同时，幅度谱的大小等于自功率谱的平方根。

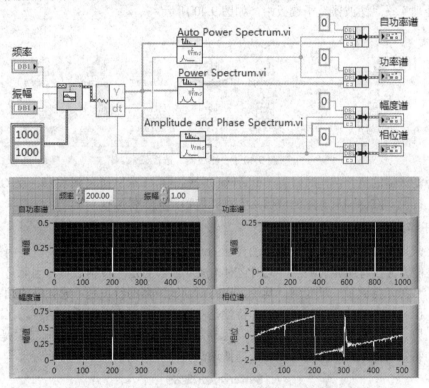

图 9.39　计算正弦波形的自功率谱、功率谱、幅度谱与相位谱

9.7　数　字　滤　波

滤波是信号处理中的一种基本而重要的技术，它包括利用电的、机械的和数学等技术手段滤除信号的噪声或虚假信号。工程测试中常用的滤波是指在信号频域的选频加工，因为测试中获取的信号往往含有多种频率成分，为了对其中某一方面的特征有更深的认识，或有利于对信号做进一步的分析和处理，需要将其中需要的频率成分提取出来，而将不需

的频率成分衰减掉。对于模拟生成的复杂信号，要实现对它的处理，首先要减少频率带宽，而实现这一点就要加入滤波器的装置。与模拟滤波器相比，数字滤波器具有以下优点：

(1) 采用软件编程，易于搭建和扩展功能。

(2) 数字器件执行运算，稳定性与信噪比高。

(3) 无需高精度的元器件，性价比高，不会因温度、湿度等外界环境的变化产生误差，也不存在元器件老化问题。

(4) 根据冲激响应，可以将滤波器分为有限冲激响应(FIR)滤波器和无限冲激响应(IIR)滤波器。FIR 滤波器的冲激响应在有限时间内衰减为 0，其输出仅取决于当前和过去的输入信号值；而 IIR 滤波器的冲激响应在理论上会无限持续，其输出不仅取决于当前及过去的输入信号值，还取决于过去的输出值。前者可以实现相位的不失真，而后者的幅频特性较平坦，但是其相位响应是非线性的。因此，在实际应用中应根据实际情况选择合适的滤波器。LabVIEW 提供了许多数字滤波器 VI 和用来设计滤波器的 VI，它们位于函数选板的"信号处理"→"滤波器"子选板中，如图 9.40 所示。

图 9.40 "滤波器"选板

选择滤波器的拓扑结构时，有 Butterworth 滤波器、Chebyshev 滤波器、反 Chebyshev 滤波器、椭圆滤波器和贝塞尔滤波器这 5 种滤波器结构可供选择。

1. 巴特沃斯滤波器

巴特沃斯型滤波器在现代设计方法设计的滤波器中，是最有名的滤波器，由于它设计简单，性能方面没有明显的缺点，又因它对构成滤波器的元件 Q 值较低，因而易于制作且达到设计性能，得到了广泛应用。其中，巴特沃斯滤波器的特点是：通频带的频率响应线最平滑。巴特沃斯滤波器的频率响应的特性是对所有的频率都有平滑的响应。在截止频率后单调下降，所以其频响特性是平滑的，通带中是最理想的单位响应，阻带中是响应。F降频率由特定的截止频率决定。巴特沃斯低通滤波器控制面板如图 9.41 所示。

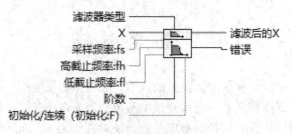

图 9.41　巴特沃斯低通滤波器 VI

其中，滤波器的类型可选低通、高通、带通和带阻 4 种类型。滤波器的阶数指过滤谐波的次数。通常，同样的滤波器，阶数越高，滤波效果越好，但成本也就越高。默认值为 2，如果阶数小于等于 0，可将 VI 设置为返回空数组错误。

2. 切比雪夫滤波器

切比雪夫滤波器可以完成巴特沃斯滤波器不能完成的通、阻带之间的快速过渡，还可以根据带通的最大允许误差，将峰值误差减小到最低水平。它的频响特性点是，在通带响应中有一个等幅的纹波，阻带中单位衰减，但过渡带陡。它的优点是，用较少的阶数就能使过渡带很陡，从而加快了滤波器速度，降低了绝对误差。切比雪夫滤波器 VI 的图标及端口如图 9.42 所示。

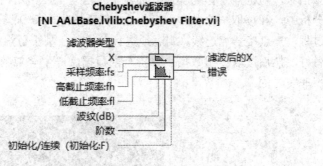

图 9.42　切比雪夫滤波器 VI

总的来说，"巴特沃斯响应"带通滤波器具有平坦的响应特性，而"切比雪夫响应"带通滤波器却具有更陡的衰减特性。所以，具体选用何种特性，需要根据电路或系统的具体要求而定。但是"切比雪夫响应"滤波器对于元件的变化最不敏感，而且兼具良好的选择性(位于通带的中部)，所以在一般的应用中，推荐使用"切比雪夫响应"滤波器。

9.8　逐点分析库

在进行传统的信号分析和处理时，分析数据的一般过程是：缓冲区准备、数据分析、数据输出，分析是按数据块进行的。由于构建数据块需要时间，因此使用这种分析方法难以实现高速实时分析。在逐点信号分析中，数据分析是针对每个数据点的，对采集到的每个点数据都可以立即分析，从而实现实时处理。使用逐点分析可以与信号同步，用户能实时观察到当前采集数据的分析结果，从而使用户能够跟踪和处理实时事件。此外，由于无需构建缓冲区，分析库与数据可以直接相连，因此数据丢失的可能性更小，编程更加容易，同时对采样率的要求更低。

逐点信号分析具有广泛的应用前景。实时数据采集和分析需要连续、高效和稳定的行系统，逐点分析正是把数据采集和分析紧密相连在一起，因此它更适用于控制 FPGA、DSP 和 ARM 芯片等。

逐点分析的 VI 位于函数选板下的"信号处理"→"逐点"子选板上，如图 9.43 所示。"逐点"子选板包括"逐点信号产生""逐点信号时域处理""逐点信号频域变换""逐点信号滤波"子选板。选板中函数节点和 VI 的功能与普通分析选板中的类似。

图 9.43　"逐点"子选板

【例 9.13】图 9.44 所示的是使用 Butterworth 滤波器(逐点)VI 对信号进行滤波的示例。信号源为正弦信号，随机信号作为噪声叠加在正弦信号上，使用两种方法进行滤波操作。在逐点信号分析中，VI 读取一个数据并分析它，然后输出一个结果，同时读入下一个数据，并重复以上过程，一点接一点连续、实时地进行分析。在基于数组的分析中，VI 必须等待数据缓存准备好，然后读取一组数据，分析全部数据，产生全部数据的分析结果，因此分析是间断的、非实时的。

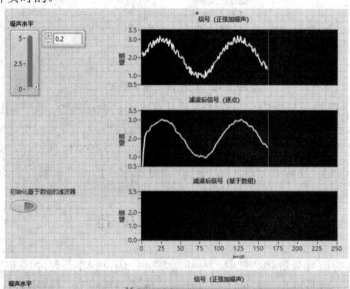

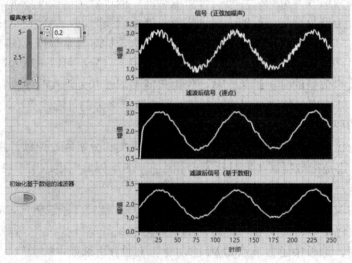

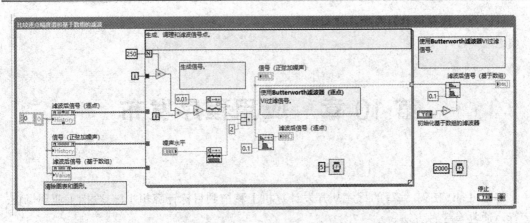

图 9.44　Butterworth 滤波器(逐点)VI 应用实例

习　题

1. 分别产生正弦信号和高斯白噪声信号，并将两个信号进行叠加。

2. 编写一个信号发生器，要求信号类型、频率、幅值、相位等信息可调。

3. 使用切比雪夫滤波器对混有均匀白噪声的三角波信号进行低通滤波处理，同时对滤波前后信号进行频谱分析并显示。

4. 使用巴特沃斯低通滤波器对采集的方波信号滤波。

5. 数字滤波器可以分为几类？它们的主要区别是什么？

6. 产生一个频率为 1000 Hz、幅值为 1 的正弦信号，并叠加幅值为 1 的均匀白噪声，再分别用低通、高通、带通滤波器进行滤波，并比较滤波的效果。

第 10 章　应用程序发布

　　将用 LabVIEW 编写的程序从开发计算机上移植到目标计算机上(一般指工业现场)去运行，通常有 3 种方法。

　　(1) 将编写的 VI 或者整个项目复制到目标计算机上。

　　这种方法的前期准备很耗费时间，需要目标计算机安装 LabVIEW、各种相关驱动和工具包。如果在目标计算机上只是为了运行程序，这种方法不被推荐，因为 VI 可以被任意修改，容易引起误操作。

　　(2) 将 LabVIEW 程序生成的独立可执行程序(*.exe 文件)复制到目标计算机上。

　　这种方法的前期准备也比较耗费时间，需要目标计算机上安装 LabVIEW 运行引擎(Run-Time Engine)、必要的驱动以及工具包等。但*.exe 可执行程序不能被修改，用户不易产生误操作。

　　(3) 将 LabVIEW 程序生成的安装程序复制到目标计算机上。

　　这种方法是事先将*.exe 文件和一些 LabVIEW 程序用到的组件在开发计算机上打包生成 Installer 程序，即安装程序，然后在目标计算机上安装该 Installer 程序，这样安装完成，之前生成的*.exe 文件、LabVIEW 运行引擎以及其他必需的工具包会自动配置到目标计算机上，这种方法移植程序比较简单，是最常用的方法。

　　本章的内容就是介绍如何用 LabVIEW 编写的程序创建可执行文件、可执行文件安装包以及动态链接库(DLL)等，即应用程序发布。

10.1　LabVIEW 项目

　　"项目"是 LabVIEW 中非常重要的一个概念，用于组合 LabVIEW 文件和非 LabVIEW特有的文件。LabVIEW 的项目必须使用"项目浏览器"进行管理和组织。另外，创建应用程序和共享库、部或下载文件至终端(Windows 嵌入式标准终端、RT 或 FPGA 终端等)都必须通过项目来完成。本节的内容就是对项目和项目浏览器进行介绍，为后续内容打下基础。

10.1.1　新建项目

　　在 LabVIEW 启动界面上，执行菜单栏中的"文件"→"新建"命令，在打开的"新建"话框中选择"项目"，并单击"确定"按钮，"项目浏览器"将自动打开，如图 10.1 所示。"项目浏览器"窗口中有两个选项卡："项"和"文件"。

(1)"项"选项卡：使用树形目录显示项目中所包含的各个"项"。

(2)"文件"选项卡：用于显示项目中在磁盘上有相应文件的"项"，在该页上可对文件名和目录进行管理和操作，并且进行的操作将影响并更新磁盘上对应的文件。

图 10.1　新建项目和项目浏览器

(3) 项目根目录：用于包含项目浏览器窗口中所有的"项"。

项目根目录的标签包括该项目的文件名，该项目的标签为"未命名项目 2"，如图 10.2 所示。LabVIEW 项目中可以添加很多"项"，这些"项"可以是文件夹，也可以是终端和设备。右击项目根目录,在弹出的快捷菜单中选择"新建",可以向项目中添加新的"项",如图 10.3(a)所示。当选择"终端文件夹…"后,项目中就会出现一个新的"项"→"新建文件夹",当选择"终端和设备…"后,会弹出"添加终端和设备"对话框,通过该对话框选择设备后,在项目中出现一个新的终端设备,如图 10.3(b)所示。也可以在 LabVIEW 项目中添加其他终端,如 Windows 嵌入式标准终端、RT 或 FPGA 终端,但必须已安装支持该终端的模块或驱动程序。

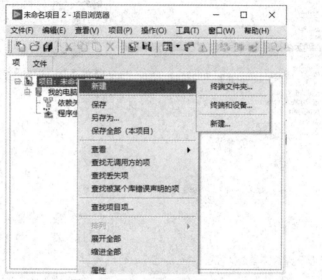

图 10.2　添加"项"到项目中

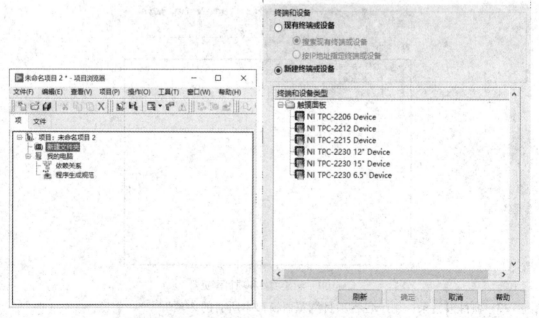

(a) 添加"终端文件夹"　　　　　　　　　　　(b) 添加"终端和设备"

图 10.3　添加"终端文件夹"和"终端和设备"

默认情况下，项目浏览器的"项"选项卡包括的内容是：

(1) 我的电脑：表示可作为项目终端使用的本地计算机。默认情况下，项目中只有"我的电脑"一个终端。如果该项目中的某个终端支持其他终端，也可右击该终端，在弹出的快捷菜单中选择"新建"→"终端和设备"，从而向此终端添加其他终端。例如，如计算机上已安装 NI PCI 设备，可在"我的电脑"中添加该设备。

(2) 依赖关系：包括某个终端下必需的 VI，如 VI、共享库、LabVIEW 项目库。

(3) 程序生成规范：包括对源代码发布编译配置以及 LabVIEW 工具包和模块所支持的其他编译形式的配置。

10.1.2 添加项目

使用"项目浏览器"窗口可向 LabVIEW 项目的任意一个终端(设备或文件夹)添加 LabVIEW 文件，如 VI 和库,以及非 LabVIEW 特有的文件，如文本文件和电子表格。

1. 新建一个空白的新 VI

右击终端，在弹出的快捷菜单中选择"新建"→"VI"，可在终端下添加一个空白的新 VI，如图 10.4 所示。这里在"NI TPC-2206 Device(0.0.0.0)"终端中添加了一个"未命名 2"VI，该空白新 VI 需要编辑、重命名以及保存。也可以单击选中某一终端，然后在"项目浏览器"的菜单栏中选择"文件"→"新建 VI"来为该终端添加一个空白的新 VI。将 VI 添加至项目时，LabVIEW 自动将整个层次结构添加到项目浏览器的依赖关系下。

图 10.4 添加 VI 至终端

2. 新建了一个"虚拟文件夹"

右击某终端，在弹出的快捷菜单中选择"新建"，除了图 10.4 中的 VI，还有虚拟文件夹、控件、库、变量、类等。如图 10.5 所示，为"我的电脑"终端添加了一个"虚拟文件夹"项。

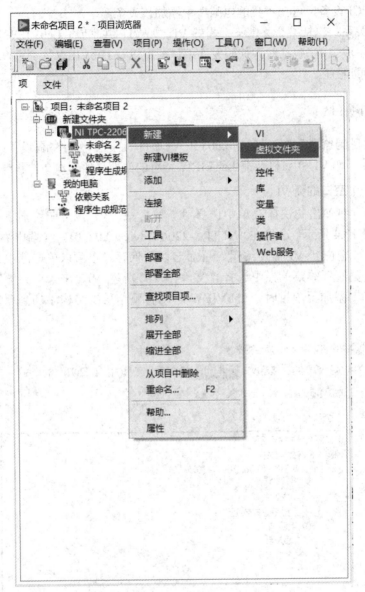

图 10.5　添加"虚拟文件夹"至终端

3. 添加文件夹

右击终端或文件夹，在弹出的快捷菜单中选择"添加"，在下一级快捷菜单中选择"文件""文件夹(快照)"或"文件夹(自动更新)"，从弹出的对话框中选择需添加的文件夹。如图 10.6 所示，将该文件夹的文件添加到项目中。之后单击"我的电脑"终端下"依赖关系"前的加号"+"，可以看到添加的文件的层次结构。

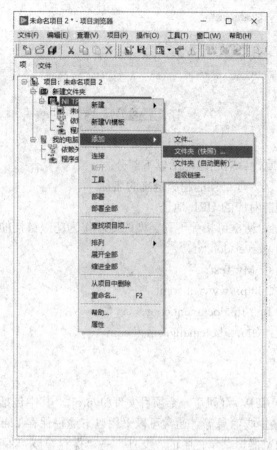

图 10.6　添加文件/文件夹

4. 添加超级链接

右击终端或终端下的文件夹或库，在弹出的快捷菜单中选择"添加"→"超级链接"，可显示"超级链接属性"对话框。通过该对话框可添加超级链接作为 LabVIEW 项目中的项，如图 10.7 所示。右键单击添加的超链接会弹出它的属性页，如图 10.8 所示。

图 10.7　添加超链接

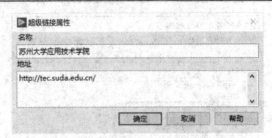

图 10.8　超链接属性页

其中，"超级链接属性"对话框包括以下部分：

(1) 名称：指定显示为项目项的超级链接的名称。

(2) 地址：指定超链对应的 URL 地址。

"超级链接属性"对话框可接受下列类型的地址作为超级链接的地址：

(1) 网络地址：如 \\server\doc.txt。

(2) 本地地址：如 C:\My Test\。

(3) HTTP 地址：如 http://www.ni.com。

(4) FTP 地址：如 ftp://ftp.document.com。

(5) 发送邮件地址：如 mailto:email@email.com。

10.1.3　保存项目

新建项目时，LabVIEW 将创建一个项目文件(.lvproj)，其中包括项目文件引用、配置信息、部署信息、程序生成信息等。通常可以采用以下途径保存 LabVIEW 项目：

(1) 选择"项目浏览器"菜单栏中的"文件"→"保存"或"保存全部(本项目)"。

(2) 选择"项目浏览器"菜单栏中的"项目"→"保存项目"。

(3) 右击项目根目录，从弹出的快捷菜单中选择"保存"或"保存全部(本项目)"。

(4) 单击项目工具栏中的"保存全部(本项目)"按钮。

如图 10.9 所示，单击"项目浏览器"工具栏中的"保存全部(本项目)"按钮后，弹出命名项目的对话框，通过该对话框选择项目保存的路径以及给项目命名，然后单击"确定"按钮。在项目保存完毕后，"项目浏览器"窗口的"标题栏"和项目根目录都会发生相应变化。

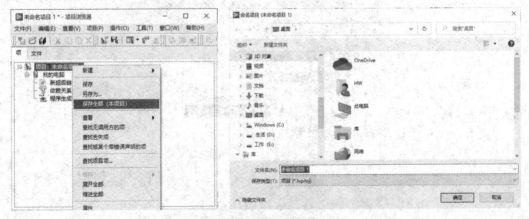

图 10.9　项目的保存

10.2 程序生成规范

用户可使用"项目浏览器"窗口的"程序生成规范"项，创建和配置 LabVIEW 程序生成规范，如图 10.10 所示。"程序生成规范"是指生成程序的各项设置，例如，包括的文件、创建的目录以及 VI 设置。表 10.1 列出了各种程序生成规范所需的 LabVIEW 版本类型。

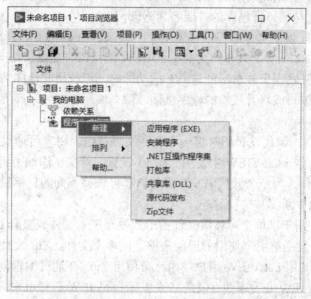

图 10.10　"程序生成规范"新建选项

表 10.1　各种程序生成规范所需的 LabVIEW 版本类型

程序生成规范	需要安装
独立应用程序	应用程序生成器或专业版开发系统
安装程序	应用程序生成器或专业版开发系统
.NET 互操作程序集	应用程序生成器或专业版开发系统
打包库	应用程序生成器或专业版开发系统
共享库	应用程序生成器或专业版开发系统
发布源代码	基础版或完整版开发系统
Web 服务	基础版或完整版开发系统
Zip 文件	应用程序生成器或专业版开发系统

10.2.1 程序生成规范的类型

LabVIEW 程序生成规范包括的类型有：

(1) 独立应用程序：为其他用户提供 VI 的可执行版本。独立应用程序以.exe 为扩展名，用户无须安装 LabVIEW 开发系统，也可运行 VI，但需要安装 LabVIEW 运行引擎。

(2) 安装程序：用于发布通过应用程序生成器创建的独立应用程序、共享库和源代码发布等，包含 LabVIEW 运行引擎的安装程序允许用户在未安装 LabVIEW 的情况下运行应用程序或使用共享库。

(3) NET 互操作程序集：将一组 VI 打包，用于 Microsoft .NET Framework。如要通过应用程序生成器创建.NET 互操作程序集，则必须安装.NET Framework 4.0。

(4) 打包库：将多个 LabVIEW 文件打包至一个文件。部署打包库中的 VI 时，部署打包库一个文件即可。打包库的顶层文件是一个项目库。打包库包含为特定操作系统编译的一个或多个 VI 层次结构。打包库的扩展名为.lvlibp。

(5) 共享库：用于通过文本编程语言调用 VI，如 LabWindows/CVI、MicrosoftVisualC++ 和 Microsoft Visual Basic 等。共享库为非 LabVIEW 编程语言提供了访问 LabVIEW 代码的方式。如需与其他开发人员共享所创建 VI 的功能时，可使用共享库。其他开发人员可使用共享库，但不能编辑或查看该库的程序框图，除非编写者在共享库上启用调试。共享库以.dll 为扩展名。

(6) 源代码发布：源代发布码时将一系列源文件打包。用户可通过发布源代码将代码发送给其他开发人员在 LabVIEW 中使用。在 VI 设置中可实现添加密码、删除程序框图或应用其他配置等操作。为一个源代码发布中的 VI 可选择不同的目标目录，而且 VI 和子 VI 的连接不会因此中断。

(7) Zip 文件：用于以单个可移植文件的形式发布多个文件或整套 LabVIEW 项目。一个 Zip 文件包括可发送给用户使用的已经压缩了的多个文件。Zip 文件可用于将已选定的源代码文件发布给其他 LabVIEW 用户使用。可使用 Zip VI 通过编程创建 Zip 文件。发布这些文件无需 LabVIEW 开发系统，但是必须装有 LabVIEW 运行引擎，才能运行独立应用程序和共享库。

10.2.2　开发和发布应用程序的步骤

1. 准备生成应用程序

(1) 打开用于生成应用程序的 LabVIEW 项目。

(2) 保存整个项目，确保所有 VI 保存在当前版本的 LabVIEW 中。

(3) 验证每个 VI 在"文件"→"VI 属性"对话框中的设置。

如准备发布应用程序，须确保 VI 生成版本在"文件"→"VI 属性"对话框中设置的正确性。VI 属性中可以设置窗口外观、窗口大小、窗口运行时位置等。

(4) 验证开发环境中使用的路径在目标计算机上正常工作。

如项目动态加载 VI，应该使用相对路径，而不是绝对路径，因为发布成可执行程序时路径会发生变化，指定 VI 的位置。由于文件层次结构因计算机而异，相对路径可确保路径在开发环境和应用程序运行的目标计算机上正常工作。

(5) 确保 VI 服务器属性和方法在 LabVIEW 运行引擎中按预期运行。

LabVIEW 运行引擎不支持某些 VI 服务器属性和方法，因此应避免在应用程序或共享库中的 VI 使用这些属性和方法。可从 Vl 分析器工具包运行生成应用程兼容性测试，确保 VI 服务器属性与 LabVIEW 运行引擎兼容。

(6) 如 VI 中含有 Math Script 节点，则删除脚本中所有不支持的 MathScript 函数。

LabVIEW 运行引擎不支持部分 MathScript RT 模块函数。如 VI 中含有 Math Script 节点，则删除脚本中所有不支持的 MathScript 函数。如 VI 中含有从库类调用函数的 MathScript 节点，则在创建或编辑程序生成规范前将 DLL 以及头文件添加到项目中。同时，确保在应用程序中使用的是这些文件的正确路径。

2. 生成应用程序的配置规范

(1) 创建程序生成规范。

选择"项目浏览器"→"我的电脑"，右击"程序生成规范"，从弹出的快捷菜单中择"新建"→"应用程序(EXE)"类型，打开"我的应用程序 属性"对话框，如图 10.11 所示。如果先前已在项目浏览器窗口中隐藏程序生成规范，则访问之前必须重新显示项。

(2) 在"我的应用程序 属性"对话框中配置"程序生成规范"的要求配置页，如表 10.1 所示，可以创建的应用程序类型有独立应用程序、安装程序、.NET 互操作程序集、打包库、共享库、源代码发布、Web 服务、Zip 文件。如果选择创建"应用程序'EXE'"，会出现应用程序"EXE"的配置页，如图 10.11 所示。

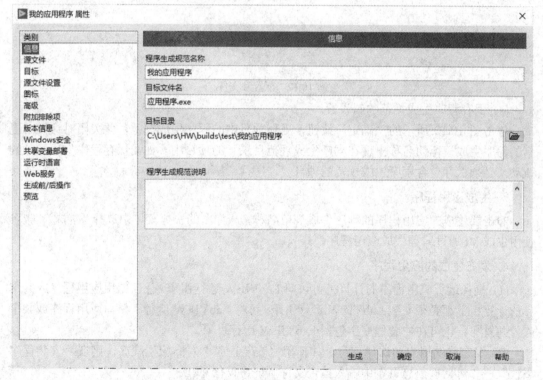

图 10.11　应用程序"EXE"配置页

(3) 在程序生成规范中包括动态加载的 VI。

如果某个 VI 使用 VI 服务器动态加载其他 VI，或通过引用调用或开始异步调用节点调用动态加载的 VI，则必须将这些 VI 添加到图 10.11 所示配置页"源文件"中的"始终包括"中，如图 10.12 所示。也可通过将动态加载的 VI 包括在源代码发布中，从而发布动态加载的 VI。

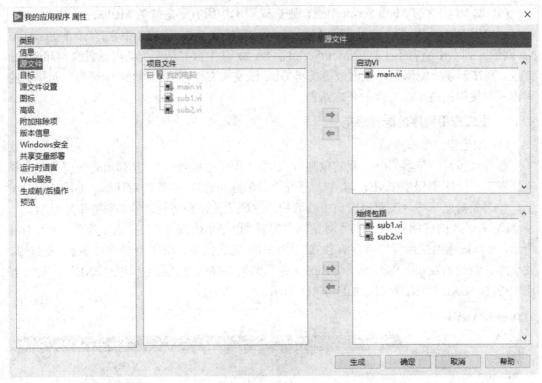

图 10.12　配置源文件

(4) 保存程序生成规范的新设置。

单击图 10.12 所示的"确定"按钮，更新项目中的程序生成规范，并关闭对话框。更新的程序生成规范的名称出现在程序生成规范目录下的项目中。如需保存程序生成规范的改动，必须保存包含程序生成规范的项目。

3. 生成应用程序

右击要生成的应用程序的程序生成规范名称，从弹出的快捷菜单中选择"生成"。也可使用生成 VI 通过编程生成应用程序。

4. 发布生成的应用程序

(1) 确保运行应用程序的计算机可访问 LabVIEW 运行引擎。任何使用应用程序或共享库的计算机上都必须安装 LabVIEW 运行引擎。可将 LabVIEW 运行引擎与应用程序或共享库一并发布。也可在安装程序中包括 LabVIEW 运行引擎。

(2) 发布终端用户的法律信息。如使用"安装程序"发布应用程序，则在"安装程序属性"→"对话框信息页"中输入自定义许可证协议信息。

10.3　生成独立应用程序

通过一个已经保存的项目，演示如何生成独立的可执行文件，即 Windows 的平台以.exe为扩展名的文件，在 Mac OS 平台以.app 为扩展名。

首先打开一个保存的项目，即后缀为.lvproj 的文件，如图 10.13 所示。

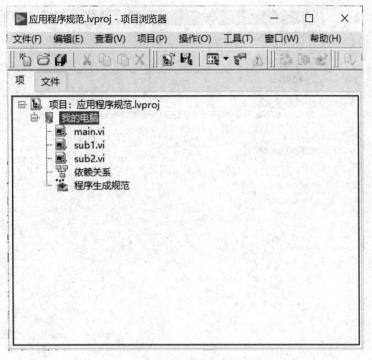

图 10.13　"项目浏览器"界面

然后右击"项目浏览器"中"程序生成规范"→"新建"→"应用程序(EXE)"，弹出"我的应用程序 属性"对话框，进行应用程序属性配置，如图 10.14 所示。

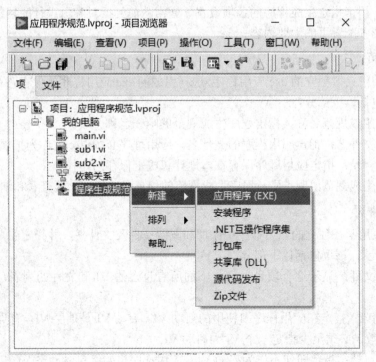

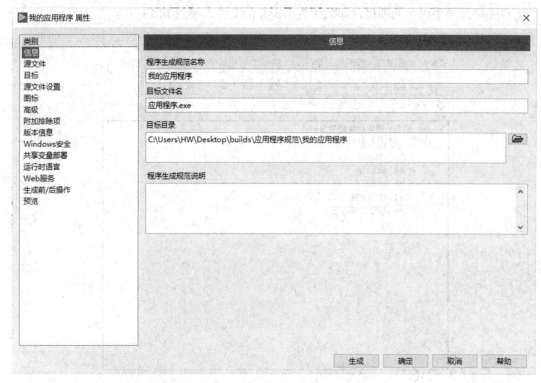

图 10.14 "我的应用程序 属性"界面

"我的应用程序 属性"对话框中包含信息、源文件、目标、源文件设置、图标、高级、附加排除项、版本信息、Windows 安全、共享变量部署、运行时语言、生成前/后操作和预览等配置页，用于指定生成程序的各项设置。通常从前到后对各页进行配置即可。

下面介绍各配置页的主要内容。

1. 信息页

信息页用于命名独立的 exe 应用程序，选择生成的 exe 应用程序的保存路径。如图 10.14 所示，该页包括以下部分：

(1) 程序生成规范名称：指定程序生成规范的唯一名称。

(2) 目标文件名：指定应用程序的文件名。应用程序必须以.exe 作为扩展名。

(3) 目标目录：指定应用程序保存在本地计算机上保存的路径。

(4) 程序生成规范说明：显示程序生成规范的信息，只可在该页查看和编辑说明信息。

2. 源文件页

源文件页用于在独立的应用程序中添加和删除文件及文件夹，并指定生成的启动 VI。如图 10.15 所示，该页包括以下部分：

(1) 项目文件：显示这个项目 lvproj 下面所有包含的 VI 和文件的列表，包括配置文件等。

(2) 启动 VI：指定在应用程序中使用的启动 VI。启动 VI 是顶层 VI，有点类似 C 语言中的 main 函数，必须至少指定一个 VI 为启动 VI。

(3) 始终包括：指定即使不作为启动 VI，应用程序也始终包含动态 VI 和支持文件。

　　如图 10.15 所示，将"项目文件"列表框中的"main.vi"添加到"启动 VI"列表框中，由于该 VI 是整个项列表中 VI 的顶层 VI，所以将"项目文件"列表中的其他子 VI 和文件添加到"始终包括"列表框中。

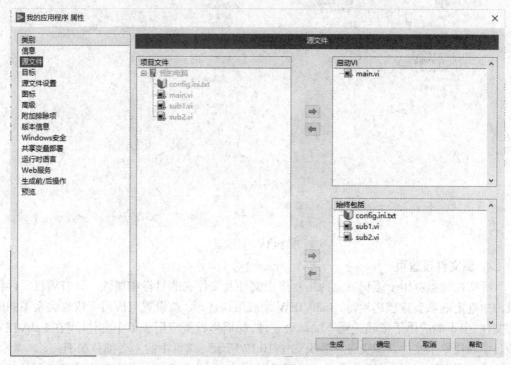

图 10.15　源文件页

3. 目标页

　　目标页用于为独立应用程序配置"目标设置"和"添加目标路径"。如图 10.16 所示，该页包括以下部分：

　　(1) 目标：指定目标目录，用于存放程序生成的文件。如图 10.16 所示，列表中有两个默认的目标目录：第一个是与"信息页"的"目标文件名"对应的"应用程序.exe"；第二个是"支持目录"。单击"添加目标"按钮或"删除目标"按钮，可添加或删除目录，但不能删除目标列表中已有的默认目标目录。

　　(2) 目标标签：指定在目标列表框中选定的目录的名称。不能更改两个默认目标目录的目标标签设置。

　　(3) 目标路径：指定路径为目标列表框中选定的目录或 LLB。

　　(4) 目标类型：指定目标列表框中选定项的目标类型。不能改变该应用程序的设置或目录。

　　(5) 目录：指定目标为目录。

　　(6) 保留磁盘层次结构：在目标目录中保留文件的磁盘层次结构。

　　(7) LLB：指定 LLB 目标。

　　(8) 添加文件至新项目库：指定在新建项目库中添加移至选定目标的文件。

　　(9) 库名：LabVIEW 用于添加文件的新建项目库的名称。

图 10.16　目标页

4. 源文件设置页

源文件设置页用于编辑独立应用程序中文件及文件夹的目标和属性。只有项目文件目录树中选定的项支持该选项时，LabVIEW 才启用该选项。该设置可应用于依赖关系下的所有文件，但不能应用于依赖关系下的单个文件。如需将设置应用于单个文件，可在 LabVIEW 项目中添加单个文件。源文件设置页如图 10.17 所示。该页中的主要部分如下：

(1) 项目文件：显示终端下项的树形视图。图 10.17 中显示的是项目浏览器窗口的"我的电脑"终端的树形视图。

(2) 包括类型：显示 LabVIEW 在生成程序中包括项的方法。该选项对应源文件页选定的包括类型。

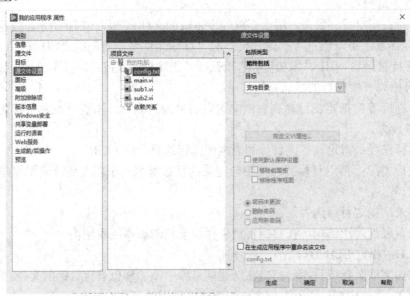

图 10.17　源文件设置页

5. 图标页

图标页用于选择独立应用程序图标文件，可使用默认的 LabVIEW 图标文件，也可选自定义图标文件或创建图标文件。该页可显示图标文件中所有图像的预览。如图 10.18 所示，该页包括以下部分：

(1) 使用默认 LabVIEW 图标文件：表明应用程序是否使用标准 LabVIEW 图标。

(2) 如需在项目中选择图标文件，可取消勾选该复选框，同时，"选择项目文件"对话框会自动弹出，用于从项目中选择图标文件，如图 10.19 所示。如项目中没有图标文件，可使用该对话框在项目中添加图标文件。

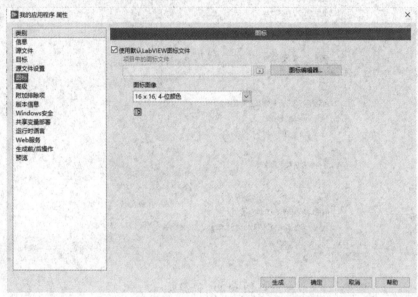

图 10.18　图标页

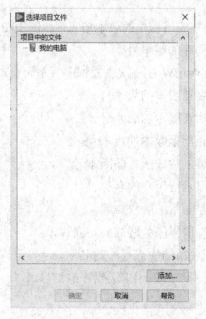

图 10.19　选择项目文件和图标编辑器

6. 高级页

高级页用于配置独立应用程序的高级设置，如图 10.20 所示。

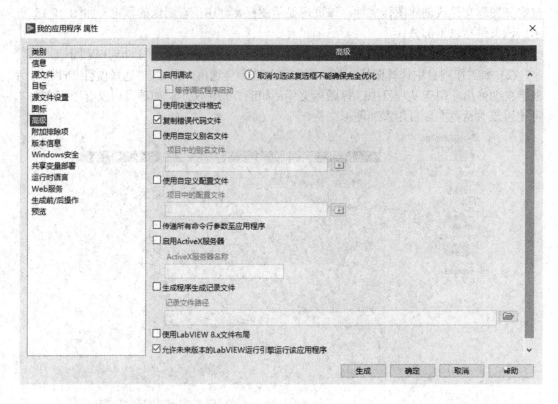

图 10.20　高级页

7. 版本信息页

版本信息页用于输入独立应用程序的版本信息，如图 10.21 所示。该页包括以下部分：

(1) 版本号：指定生成程序的版本号。

(2) 自动递增：指定 LabVIEW 在每次生成程序后是否自动递增生成编号。

(3) 主：指定用于表示主要版本的版本号。

(4) 次：指定用于表示次要版本的版本号。

(5) 修正：指定表示修正问题版本的版本号。

(6) 生成：指定表示具体的生成版本的版本号。

(7) 产品名称：指定要显示给用户的名称。

(8) 合法版权：生成程序随附的版权声明。

(9) 公司名称：指定与生成程序关联的公司名称。

(10) 内部名称：供内部使用的生成程序的名称。

(11) 说明：指定提供给用户的关于生成程序的信息。

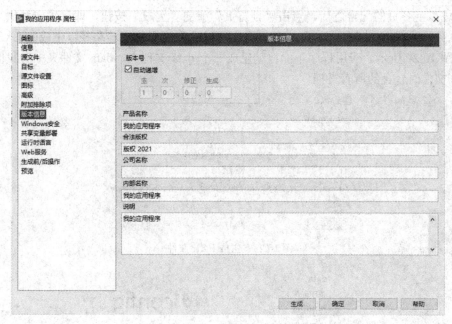

图 10.21　版本信息页

　　在该页添加的信息调用方式为：右击"应用程序"，在弹出的快捷菜单中选择"属性"，版本选项卡可显示版本信息。

8. 预览页

　　预览页用于预览生成的独立应用程序。单击"生成预览"按钮，创建生成程序的预览，并在"生成文件"栏中显示，如图 10.22 所示。这样就可以看到即将生成哪些文件，是否设置完全。

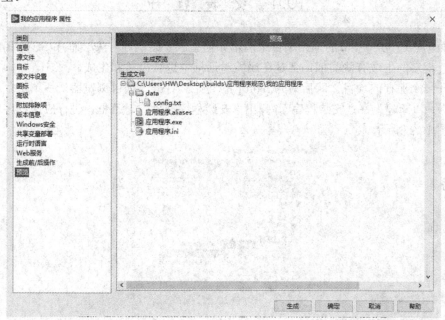

图 10.22　预览页

　　完成以上各页的配置之后，点击"预览页"上的"生成"按钮，即可生成可执行文件
(EXE 文件)，如图 10.23 所示。生成的过程中可以看到应用程序的路径，生成的 EXE 应用
程序如图 10.24 所示。应用程序下面自动生成一个 data 文件夹，data 文件夹中有我们在制
作 EXE 文件时包含的所有文档。

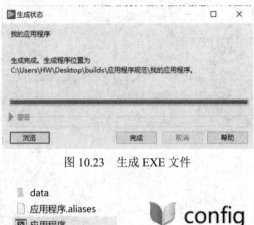

图 10.23　生成 EXE 文件

图 10.24　生成的 EXE 应用程序

　　至此，我们已经完成了生成独立可执行应用程序的操作，如果目标计算机上已经安装
LabVIEW 运行引擎和其他需要的组件，那么就可以将生成的 EXE 文件复制到目标计算机
上直接运行。

10.4　安装程序

　　下面仍然通过 10.3 节的那个项目来演示如何生成安装程序。安装程序(SETUP)的生成
与可执行程序的生成有些类似，都是在属性对话框中进行设置和生成。

　　打开一个保存的项目，即后缀为.lvproj 的文件。右击"项目浏览器"→单击"程序生
成规范"→"新建"→"安装程序"，弹出"安装程序属性"对话框，进行应用程序属性配
置，如图 10.25 所示。

图 10.25　新建"安装程序"

如上操作可以进入"安装程序属性"设置，包括产品信息、目标、源文件、源文件设置、快捷方式、附加安装程序、对话框信息、注册表、硬件配置、版本信息、Web 服务、Windows 安全、高级配置页。

1. 产品信息

在产品信息页中可设置用户的产品名称和安装程序目标，产品名称会影响安装程序行所在的路径名，并且对应着在 Windows 添加删除程序列表中应用程序的名字，如图 10.26 所示。

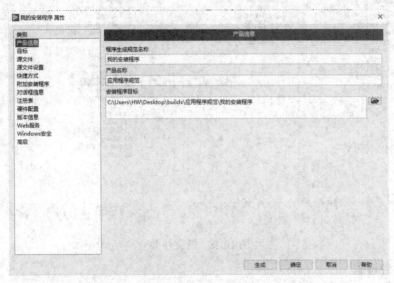

图 10.26 产品信息页

2. 目标

在目标页中可修改目标名称，该名称决定了将来安装程序运行结束后，可执行文件会释放到哪个文件夹中，如图 10.27 所示。

图 10.27 目标页

3. 源文件

在源文件页的项目文件视图中单击选择之前创建的应用程序生成规范，然后单击添加箭头，将应用程序添加到目标文件夹中，右边的目标视图中可以看到添加结果，如图 10.28 所示。

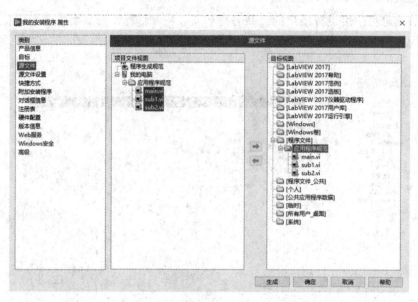

图 10.28　源文件页

4. 源文件设置

如图 10.29 所示，源文件页用于对安装程序中包含的文件设置属性：

(1) 目标视图：指定文件安装时的位置及目录结构。

(2) 文件和文件夹属性：通过只读、隐藏、系统、重要等选项制定目标视图中文件和文件夹的属性。

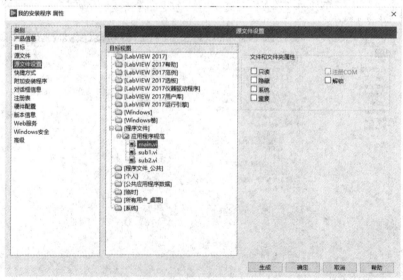

图 10.29　源文件设置页

5. 快捷方式

在快捷方式页可修改右边的快捷方式下的名称和子目录。快捷方式下的名称对应将来在开始菜单中看到的快捷方式图标的名称，子目录对应快捷方式在开始菜单中所处的文件夹名称，如图 10.30 所示。

图 10.30　快捷方式页

6. 附加安装程序

在附加安装程序页，勾选相应的 LabVIEW 运行引擎和必要的驱动程序以及工具包等，之后这些驱动以及工具包会一起包含在生成的 Installer 中。LabVIEW 在这里会自动勾选一些必要的 NI 安装程序，但是有可能并没有包含所有需要安装的程序，用户的程序中使用到哪些驱动以及工具包，这里配置时就需要勾选哪些工具包。对于一些特定的工具包，如 NI OPCServers、DSC 运行引擎等不支持直接打包部署(KB:5SS56RMQ 56P8BSJT)，因此这里会无法勾选或者勾选无效，这些工具包需要在目标计算机上单独安装，如图 10.31 所示。

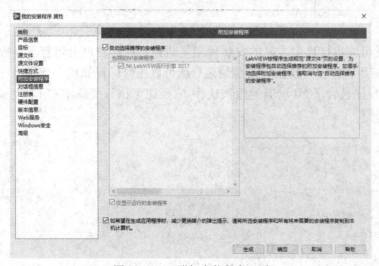

图 10.31　"附加安装程序"页

　　完成以上设置后，单击图 10.31 中的"生成"按钮，开始生成安装程序，同样会弹出一个生成状态窗口，生成过程完成后，单击"浏览"按钮可以打开安装文件所在路径，会看到一个 setup.exe 文件，这个文件就是最终的安装文件。此时在项目浏览器中的项目的程序生成规范下会出现"我的安装程序"，如图 10.32 所示。最后单击"完成"按钮关闭状态窗口。

图 10.32　生成状态

安装程序生产之后，会显示在项目浏览器的"程序生成规范"下，如图 10.33 所示。

图 10.33　安装程序生成后项目浏览器

　　现在，就可以将打包生成好的安装程序复制到目标计算机上运行了，安装过程与普通 Windows 应用程序没有区别，安装结束后就可以在目标计算机上运行自己的应用程序了。由于安装程序包含了 NI 的其他附加软件，它要比可执行文件(EXE)大很多，如图 10.34 所示。

名称	修改日期	类型	大小
bin	2021/7/29 23:11	文件夹	
license	2021/7/29 23:11	文件夹	
supportfiles	2021/7/29 23:11	文件夹	
nidist.id	2021/7/29 23:11	ID 文件	1 KB
setup	2017/3/15 19:10	应用程序	1,393 KB
setup	2021/7/29 23:11	配置设置	16 KB

图 10.34　安装程序所在目录

10.5　共　享　库

动态链接库可以让其他编程语言调用 VI，如 NI LabWindows/CVI、Microsoft Visual
C++、Microsoft Visual Basic 等，它为非 LabVIEW 编辑语言提供了访问 LabVIEW 开发代
码的方式。如果需要与其他开发人员共享创建的 VI 的功能时，可以使用动态链接库(DLL)。
必须在任务管理器中才能生成.dll 文件。

依旧在上述例中的项目管理器界面中，右击"项目浏览器"→单击"程序生成规范"
→"新建"→"共享库(DLL)"，如图 10.35 所示。然后在弹出的属性对话框中进行 DLL 属
性配置，如图 10.36 所示。

图 10.35　新建共享库(DLL)界面

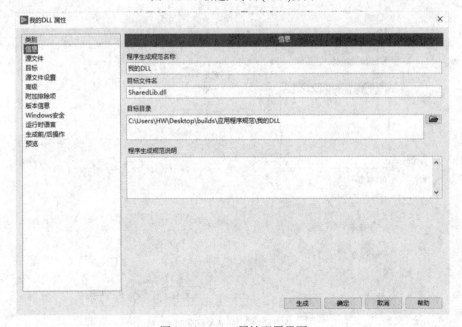

图 10.36　DLL 属性配置界面

1. 信息

根据自己的需求修改"程序生成规范名称"和"目标文件名"等信息。

2. 源文件

单击图 10.37 中的箭头按钮 ➡，会出现定义 VI 原型界面，如图 10.38 所示。

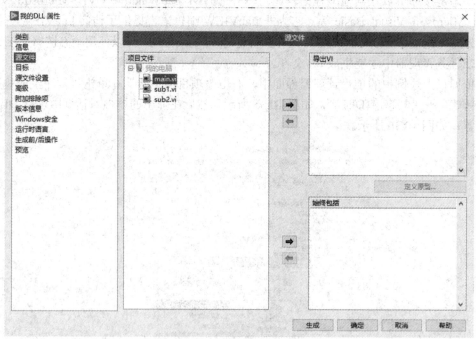

图 10.37　源文件选择

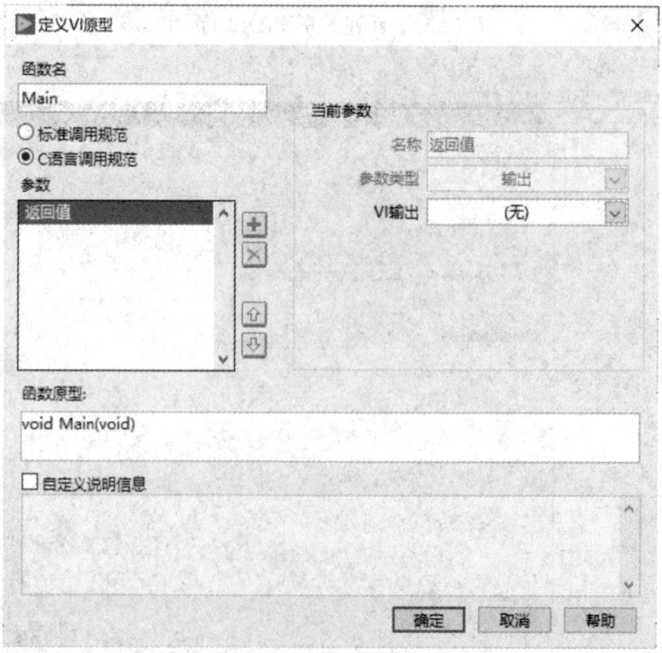

图 10.38　定义 VI 原型

类别中的源文件设置可供用户对打包 VI 的属性和密码做一些设置；高级和附加排除项可以做一些高级的设置，这些均按默认值即可。版本信息可让用户填写版本号、产品名称、合法版权、公司名称等信息，以上设置与"安装程序"的类似。选择"运行时语言"，可对支持语言进行选择，默认即可。

完成以上设置，点击图 10.37 中的"生成"按钮，进行共享库(DLL)的生成。

点击图 10.39 中的"浏览"按钮，可以直接浏览到结果，如图 10.40 所示。

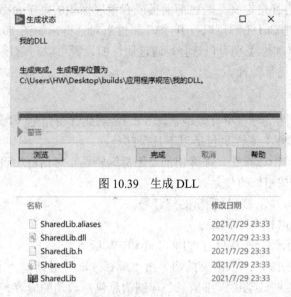

图 10.39 生成 DLL

名称	修改日期
SharedLib.aliases	2021/7/29 23:33
SharedLib.dll	2021/7/29 23:33
SharedLib.h	2021/7/29 23:33
SharedLib	2021/7/29 23:33
SharedLib	2021/7/29 23:33

图 10.40 生成的 DLL

同时在项目浏览器的"程序生成规范"中，可以看到生成的这个 DLL，如图 10.41 所示。

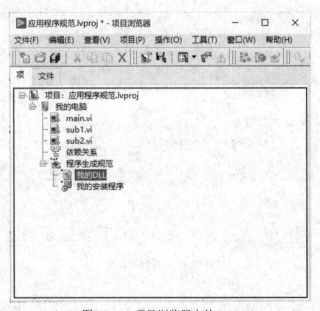

图 10.41 项目浏览器中的 DLL

10.6　VI 属性设置

VI 属性设置是程序编写的一部分，其功能主要是帮助程序管理员管理程序及控制 VI 运行时的状态和显示方式。程序编译完成后用户可以通过 "VI 属性"对话框来设置和查看 VI 的属性或对属性进行自定义。通过前面板或者程序框图的菜单命令 "文件" → "VI 属性"，或者通过快捷键 Ctrl+I 都可以打开 "VI 属性"对话框，如图 10.42 所示。在 "VI 属性"对话框中有 11 种属性类别可以选择，通过属性的设置可以对常规属性、内存使用、修订历史、窗口外观等进行管理。

1. 常规属性

通过设置常规属性，可以更有效地管理 VI。常规属性窗口是 VI 属性窗口的默认页，如图 10.42 所示。"常规"属性页包括以下几个部分：

(1) 编辑图标：单击该按钮，在弹出的 "图标编辑器"对话框中可以对图标进行修改，完成后单击 "确定"按钮修改生效。

(2) 当前修订版：显示该 VI 最新的修订号。

(3) 位置：显示 VI 的保存路径。

(4) 源版本：显示最近一次保存 VI 的 LabVIEW 版本。

(5) 列出未保存的改动：单击该按钮弹出 "解释改动"对话框，上面列出了上次保存对 VI 所做的改动和这些改动的详细信息。详细信息包括改动的内容、改动对 VI 执行的影响两方面。

(6) 修订历史：显示当前程序的所有注释和历史。

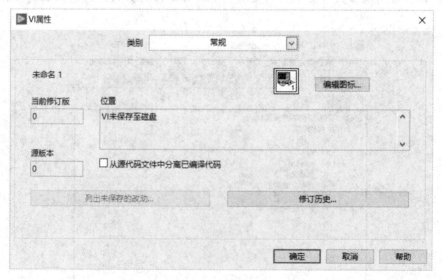

图 10.42　VI 属性设置

2. 内存使用

内存使用页用于显示 VI 使用的磁盘和系统内存，如图 10.43 所示。编辑和运行 VI 时，内存的使用情况各不相同。内存数据仅显示了 VI 使用的内存，而不反映子 VI 使用的内存。
每个 VI 占用的内存根据程序的大小和复杂程度而不同。值得注意的是，程序框图通常占
用大多数内存，因此不再编辑程序框图时，用户应保存 VI 并关闭程序框图，从而为其他
VI 释放出空间。保存并关闭子 VI 前面板同样可以释放内存。

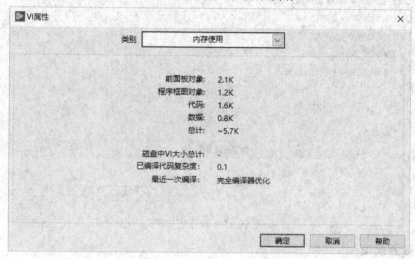

图 10.43　内存使用页

3. 说明信息

说明信息页用于创建 VI 说明，以及将 VI 链接至 HTML 文件或已编译的帮助文件，使
用户可以在即时帮助中看到说明信息及查看超链接关联的帮助文件，以增进用户对 VI 的
理解。说明信息页如图 10.44 所示。

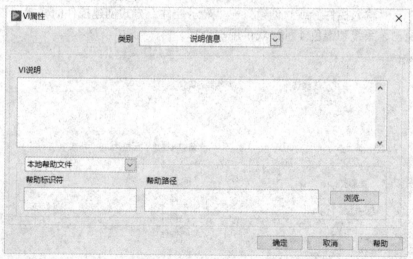

图 10.44　说明信息页

4. 修订历史

用户可以在修订历史页中使用默认的历史设置查看当前 VI 修订历史，如图 10.45 所示。
如需自定义历史设置，则先取消勾选"使用选项对话框中的默认历史设置"复选框，然后
可选择下面 4 种勾选框中的一种或几种设置 VI 的版本信息记录方式。

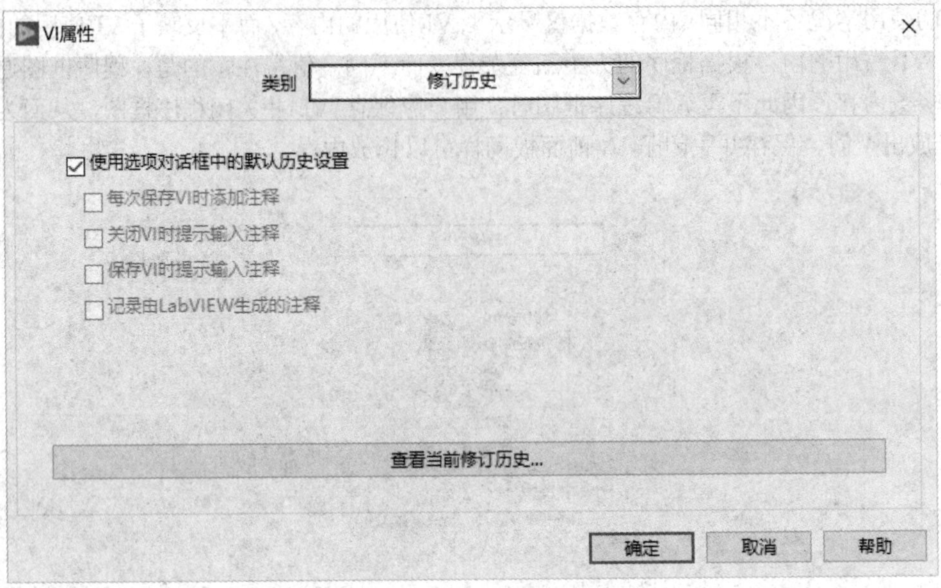

VI属性   ×

类别   修订历史

☑ 使用选项对话框中的默认历史设置
☐ 每次保存VI时添加注释
☐ 关闭VI时提示输入注释
☐ 保存VI时提示输入注释
☐ 记录由LabVIEW生成的注释

查看当前修订历史...

确定   取消   帮助

图 10.45   修订历史页

5. 编辑器选项

编辑器选项页用于设置当前 VI 对齐网格的大小，以及改变控件的样式，如图 10.46 所示。编辑器选项页包括两个部分：

(1) 对齐网格大小：指定当前 VI 的对齐网格单位的大小，以像素为单位，包括前面板网格单位大小和程序框图网格单位大小。

(2) 创建输入控件／显示控件的控件样式：通过右击接线端，从弹出的快捷菜单中选择"创建"→"输入控件"或"创建"→"显示控件"方式创建控件的样式。该选项提供了新式、经典、系统和银色 4 种样式供用户选择。

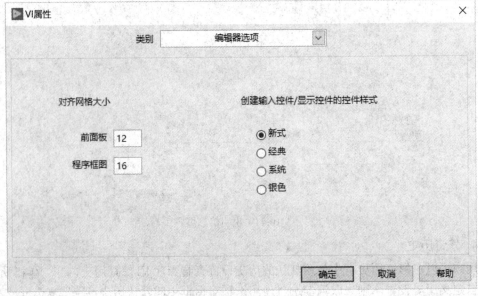

图 10.46   编辑器选项页

6. 保护

保护页用于设置受密码保护的 VI 选项。通常用 LabVIEW 完成一个实际项目后，工程师需要对 VI 的使用权限和保护性能进行设置，以避免程序被恶意修改或源代码泄密。LabVIEW 在保护页中提供了 3 种不同的保护级别，以适应不同的使用场合，如图 10.47 所示。

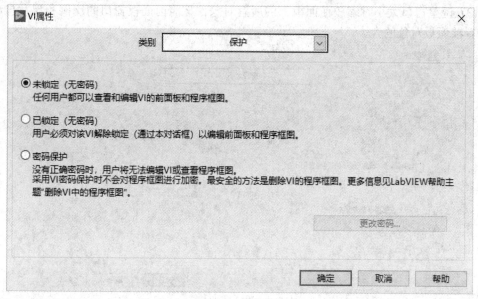

图 10.47　保护页

7. 窗口外观

窗口外观页用于对 VI 定义窗口外观，如图 10.48 所示。通过该页的设置，可以自定义程序运行时窗口中需要显示的项目，也可以改变窗口中显示的文字、动作和其他 LabVIEW 窗口的交互方式。窗口外观页的设置只在程序运行时生效。

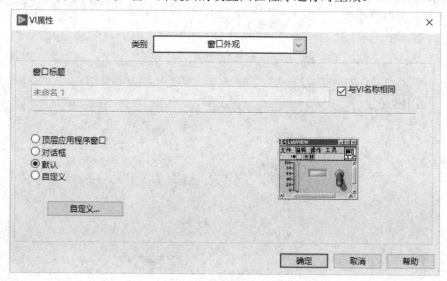

图 10.48　窗口外观页

8. 窗口大小

窗口大小页用于对 VI 自定义窗口的大小，如图 10.49 所示。该页面包括以下几个部分：

(1) 前面板最小尺寸：定义程序运行时前面板的最小尺寸。

(2) 使用不同分辨率显示器时保持窗口比例：在不同显示器分辨率的计算机上打开 VI 时，VI 可调整窗口比例，占用的屏幕空间基本一致。

(3) 调整窗口大小时缩放前面板上的所有对象：按照前面板窗口的比例和尺寸自动调整所有前面板对象的大小。

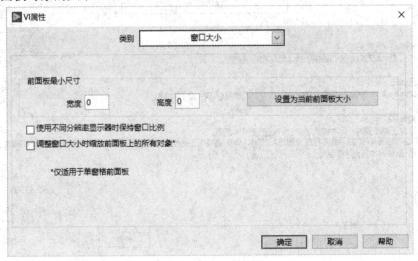

图 10.49　窗口大小页

9. 窗口运行时位置

窗口运行时位置页用于自定义运行时前面板窗口的位置和大小，如图 10.50 所示。窗口运行时位置页包括以下几个部分：

(1) 位置：设置前面板窗口在计算机屏幕的位置，有不改变、居中、最小化、最大化、自定义 5 种类型可供选择。

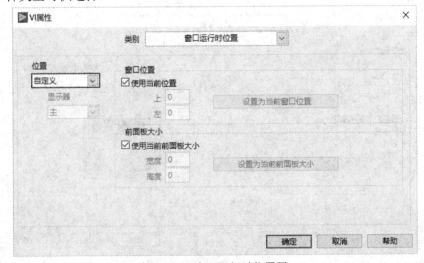

图 10.50　窗口运行时位置页

(2) 显示器：如有多个显示器，可指定显示前面板窗口的显示器。

(3) 窗口位置：设置前面板窗口在全局屏幕坐标中的位置。

(4) 前面板大小：设置前面板的大小(不包括滚动条、标题栏、菜单栏和工具栏)。

10. 执行

执行页用于在 LabVIEW 中设置 VI 的优先级别和为多系统结构的 VI 选择首选执行系统，如图 10.51 所示。执行页包括以下几个部分：

(1) 允许调试。

(2) 重入。

(3) 在调用 VI 中内嵌子 VI。

(4) 优先级。

(5) 首选执行系统。

(6) 启用自动错误处理。

(7) 打开时运行。

(8) 调用时挂起。

(9) 调用时清空显示控件。

(10) 运行时自动处理菜单。

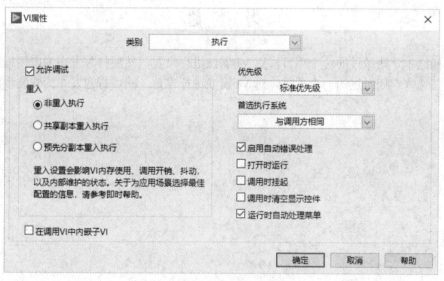

图 10.51 执行页

11. 打印

打印页用于设置 VI、模板或对象说明信息的打印选项，如图 10.52 所示。该属性页主要包括以下几个部分：

(1) 打印页眉：在每页顶部打印页眉，包括 VI 名称、最后修改 VI 的日期和页码。

(2) 边框包围前面板：在前面板周围打印边框。

(3) 缩放要打印的前面板以匹配页面：按照打印页的大小调整前面板的尺寸。

(4) 缩放要打印的程序框图以匹配页面：缩放程序框图以匹配打印页面。

(5) 使用自定义页边距：设置前面板打印的自定义页边距，以英寸或厘米为单位。

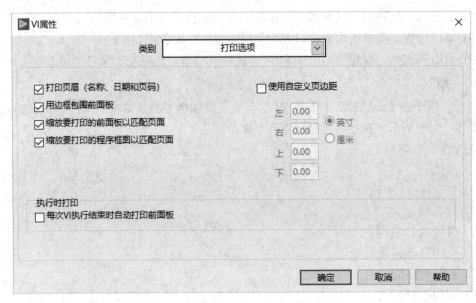

图 10.52　打印页

习　　题

1. 任选本学期做过的一个项目，对 VI 属性进行设置，然后打包发布为应用程序。
2. 任选本学期做过的一个项目，对 VI 属性进行设置，然后打包发布为安装程序。

参 考 文 献

[1]　王健，杜军，杨娜，等. 精通 LabVIEW[M] .北京：清华大学出版社，2018.

[2]　郝丽，赵伟.LabVIEW 虚拟仪器设计及应用：程序设计、数据采集、硬件控制与信号处理[M] .北京：清华大学出版社，2018.

[3]　陈数学.LabVIEW 宝典[M]. 北京：电子工业出版社，2017.

[4]　陈锡辉，张银鸿.LabVIEW8.20 程序设计从入门到精通[M]. 北京：清华大学出版社，2007.

[5]　毛琼，王敏.LabVIEW2018 虚拟仪器程序设计[M]. 2 版. 北京：清华大学出版社，2018.

[6]　胡乾苗.LabVIEW 虚拟仪器程序设计与应用[M]. 2 版. 北京：清华大学出版社，2019.

[7]　黄松岭，王坤，赵伟. 虚拟仪器程序设计教程[M]. 北京：清华大学出版社，2015.

[8]　郑对元，等. 精通 LabVIEW 虚拟仪器程序设计[M]. 北京：清华大学出版社，2012.

[9]　刘科，宋秦中. 虚拟仪器应用[M]. 北京：机械工业出版社，2017.

[10]　曾华鹏，李艳. 虚拟仪器与 LabVIEW 编程技术[M]. 西安：西安电子科技大学出版社，2019.

[11]　孙秋野，吴成东，黄博南. LabVIEW 虚拟仪器程序设计及应用[M]. 2 版.北京：人民邮电出版社，2015.

[12]　胡仁喜，高海宾.LabVIEW 2010 中文版虚拟仪器从入门到精通[M]. 北京：机械工业出版社，2012.

[13]　吴成东，孙秋野，盛科. LabVIEW 虚拟仪器程序设计及应用[M]. 北京：人民邮电出版社，2008.

[14]　王超，王敏.LabVIEW 2015 虚拟仪器程序设计[M]. 北京：机械工业出版社，2016.

[15]　林静，林振宇，郑福仁. LabVIEW 虚拟仪器程序设计从入门到精通[M]. 北京：人民邮电出版社，2010.

[16]　陈树学.LabVIEW 实用工具详解[M]. 北京：电子工业出版社，2014.

[17]　张重雄，张思维. 虚拟仪器技术分析与设计[M]. 3 版. 北京：电子工业出版社，2017.

[18]　宋铭.LabVIEW 编程详解[M]. 北京：电子工业出版社，2017.

[19]　何玉钧，高会生，等. LabVIEW 虚拟仪器设计教程[M]. 北京：人民邮电出版社，2012.

[20]　高向东，虚拟仪器综述[J]. 中国计量，2004(4)：15-16.

[21]　JOHNSON G W, JENNINGS R. LabVIEW 图形编程[M]. 武嘉澍，陆劲昆，译. 北京：北京大学出版社，2002.

[22]　OGREN P J, JONES T P, PAUL J, et al. Laboratory Interfacing Using the LabVIEW Software Package. Journal of Chemical Education, ACS. 1996, 73 (12): 1115–1116. doi:10.1021/ed073p1115.

[23]　杨乐平，李海涛，肖凯，等. 虚拟仪器技术概论[M]. 北京：电子工业出版社，2003.

[24]　黄松岭，吴静. 虚拟仪器设计基础教程[M]. 北京：清华大学出版社，2008.

[25]　陈树学，刘萱. LabVIEW 宝典[M]. 北京：电子工业出版社，2011.